U0226176

国家自然科学基金重大项目"页岩油气高效开发基础理论"
西南石油大学油气藏地质及开发工程国家重点实验室　资助

页岩缝网形成的影响机制与
储层综合评价

赵金洲　任　岚　沈　骋　著

科学出版社

北　京

内 容 简 介

本书利用露头、岩心、分析化验、导眼井测录井等资料，以四川盆地下志留统龙马溪组一段为研究对象，开展精细的层序地层与沉积学研究，划分各级层序关键性界面，建立海相页岩垂向层序地层格架和以体系域为单元层序的地层格架，同时进行页岩岩石微相划分和岩相组合划分；运用分析化验、三轴力学实验、导眼井与水平井测录井等资料，开展海相页岩气储层缝网形成的主控因素研究，建立缝网形成主控因素预测模型，分析研究区页岩层序地层的既定特征、沉积成岩垂向演化规律和页岩形成机理等对缝网形成的综合控制，分析缝网形成各主控因素内在机理；结合上述研究，基于常规测井、成像测井和子阵列声波测井，微地震监测等资料，总结并形成针对页岩缝网可压裂性的地球物理综合评价模型，最终梳理缝网形成主控因素对 SRV 展布的控制程度。

本书适用于各大油田从事页岩气勘探与开发的工程师、各科研院所进行页岩气地质工程一体化研究的工作人员，以及大专院校储层地质与储层增产改造的师生参考使用。

图书在版编目（CIP）数据

页岩缝网形成的影响机制与储层综合评价 / 赵金洲，任岚，沈聘著. —北京：科学出版社，2019.5

ISBN 978-7-03-060554-2

Ⅰ. ①页… Ⅱ. ①赵…②任…③沈… Ⅲ. ①油页岩－油气藏形成－研究 Ⅳ. ①P618.130.2

中国版本图书馆 CIP 数据核字（2019）第 029942 号

责任编辑：罗 莉 / 责任校对：彭 映
责任印制：罗 科 / 封面设计：蓝创视界

科 学 出 版 社 出版

北京东黄城根北街 16 号
邮政编码：100717
http://www.sciencep.com

四川煤田地质制图印刷厂印刷
科学出版社发行 各地新华书店经销
*
2019 年 5 月第 一 版 开本：787×1092 1/16
2019 年 5 月第一次印刷 印张：8 1/4
字数：191 000

定价：119.00 元
（如有印装质量问题，我社负责调换）

前　　言

随着油气勘探开发技术的不断进步和发展，非常规油气资源的页岩气得到了有效动用和开发，对全球能源格局产生了重大影响，对常规油气资源形成了有益补充和接替。近年来，我国在四川盆地页岩气开发取得了重大进展，其中涪陵页岩气田和威远-长宁页岩气田已初步具备商业化开发条件，助推我国天然气开发进入新阶段。在国家自然科学基金重大项目"页岩地层动态随机裂缝控制机理与无水压裂理论"的支持下，课题组长期从事页岩气地质综合评价和水力压裂的基础理论研究，本书主要反映了课题组在页岩气压裂储层地质综合评价方面的最新研究成果。

本书试图阐述四川盆地奥陶系五峰组-志留系龙马溪组页岩气储层特征与缝网形成机制之间的联系，页岩缝网可压裂性的地球物理综合评价方法及缝网形成主控因素对储层改造体积（也称增产改造体积，stimulated reservoir volume，SRV）展布的控制程度。全书共分5章，第1章主要阐释目前国内外页岩气储层缝网形成影响因素与评价、表征方法的研究进展；第 2 章主要分析五峰组与龙一段页岩层序地层、沉积成岩作用对层序研究和SRV 评价具有既定作用，建立能识别页岩缝网形成的优势储层的岩石微相划分方法；第3章提出页岩岩相组合划分方法及岩相组合多因素演化规律，识别最佳可压性的储层；第4章进行页岩岩石力学性质的沉积与成岩作用响应研究以及缝网形成的多因素作用机理研究；第5章建立考虑储集能力与缝网形成能力等方面的页岩气缝网综合评价方法。

本书出版得到了科学出版社、西南石油大学油气藏地质及开发工程国家重点实验室的大力支持和帮助，赵金洲教授、任岚副教授和沈骋博士参与了全书的撰写工作。研究生黄静博士、唐登济博士、林然博士、邸云婷硕士为本书出版也做了大量工作，参与了繁重的校对清样工作。西南石油大学李勇明教授、胡永全教授、谭秀成教授对本书进行了校阅。他们为本书的顺利出版提供了大量的帮助，在此表示感谢。

目　　录

第1章 引 言

经典石油地质学理论指出，页岩气储层同时具有生、储、盖特征，且资源量丰富（全球约为 $456.24 \times 10^{12} m^3$），北美率先进行商业性勘探开发，在泥盆系［西加拿大盆地霍恩河（Horn River）组、蒙特尼（Montney）组、科罗拉多（Colorado）组，美国阿巴拉契亚（Appalachian）盆地俄亥俄（Ohio）组、密歇根盆地（Michigan）安特里姆（Antrim）组、伊利诺斯（Illinois）盆地新奥尔巴尼（New Albany）组、阿科马（Arkoma）盆地和阿纳达科（Anadarko）盆地伍德福德（Woodford）组、阿巴拉契亚（Appalachian）盆地马塞卢斯（Marcellus）组］、密西西比系［沃斯堡(Fort Worth)盆地巴尼特（Barnett）组、阿科马（Arkoma）盆地费耶特维尔/坎尼（Fayetteville/Caneney）组］、侏罗系（得克萨斯-路易斯安那盐盆地海恩斯维尔（Haynesville）组）和白垩系［西部海湾（Western Gulf）盆地鹰滩（Eagle Ford）组和圣胡安（San Juan）盆地里维斯（Lewis）组］等区域的气田获得高产。

得益于水平井的引入和分段多簇压裂技术的使用与改进（赵金洲等，2018），直至 2017 年美国页岩气年产量已从 $112 \times 10^8 m^3$ 上升到 $5323 \times 10^8 m^3$；我国页岩气技术可采资源量与美国相当，但仅四川盆地五峰组至龙马溪组一段（以下简称龙一段）海相页岩气勘探开发取得重要进展，总体上仍处于商业开发的起步阶段，产量与美国存在明显差距（表 1-1）。勘探开发技术的发展和改进无疑成为高效开采获产的关键途径。

表 1-1 全球页岩气开发现状（据赵金洲等，2018，有修改）

国家	技术可采资源量/ （$\times 10^{12} m^3$）	2017 年产量/ （$\times 10^8 m^3$）	开发现状
中国	31.56	90.25	商业开发（起步阶段）
阿根廷	22.71	20.32	商业开发
阿尔及利亚	20.02		因环境问题于 2014 年停止，2017 年重新规划
美国	32.90	5323	商业开发
加拿大	16.23	55.8	商业开发
墨西哥	15.43		常规天然气为主，页岩气开发步伐缓慢
澳大利亚	12.37		页岩气勘探起步阶段
南非	11.04		开发意愿强烈，受环境问题影响未起步
俄罗斯	8.07		重视常规天然气开发，未涉足页岩气领域
巴西	6.94		因成本问题未起步

我国页岩气主要发育在鄂尔多斯盆地三叠系、南方古生界寒武系-志留系、四川盆地三叠系-侏罗系等层系（邹才能等，2015），但因构造影响，页岩储层展布受限，目前四川盆地东南缘奥陶系五峰组至志留系龙一段海相富有机质页岩已获得商业性产量，包括中石化涪陵页岩气田、中石油长宁-威远页岩气田及昭通黄金坝等页岩气产区。其中，涪陵页岩气田 2017 年累计产量达 $60 \times 10^8 \text{m}^3$；直至 2018 年 9 月，川南页岩气已累计产气 $100 \times 10^8 \text{m}^3$，长宁-威远页岩气田实现年产 $30 \times 10^8 \text{m}^3$ 的目标，迈向了工业化开采新时期。

国内页岩气勘探开发方面的研究已有 13 年，先后进行了页岩气地质条件（生烃成因、赋存机理、成藏模式）、优势区域选择与评价、矿场/示范区先导性试验的相关研究，同时深入探讨了陆相、海陆过渡相页岩气地质特征并进行产区试验（陈新军等，2012；董宁等，2014；郭彤楼等，2014；赵建华等，2016；郭彤楼，2016a；郭旭升等，2016；赵文智等，2016；王玉满等，2017；任岚等，2017a；赵金洲等，2017；沈骋等，2017；邹才能等，2018）。国内普遍研究方法以依托北美页岩气地质条件的对比（李新景等，2007）、页岩气生烃成藏的特殊性（腾格尔等，2017）、压裂施工的动态监测（任岚等，2017b）和裂缝扩展的数值模拟（任岚等，2017a）等为主，然而地质与工程研究的衔接程度较差，页岩气与常规气的共性、地质特征对压裂改造、施工的影响和指示、施工现象对地质特征的反演等方面仍缺乏研究，导致地质特征研究和生产动态研究不能有效结合，优势水力压裂改造范围内的储层是否同时具备优势资源量仍存疑，使得北美经验开发模式下"SRV 越大，产量越高"的观点可能不再适用；此外，基础理论研究与矿场实践有所脱节，使得高效开发方案缺乏说服力和科学性。因此，开展页岩气地质、开发和地质-工程相结合的模块化基础研究，是为页岩气进一步高效开采提供理论支撑的关键手段之一。缝网的形成是页岩气高效开发的实现方式，故而对缝网形成的影响因素研究及其评价至关重要。

与此同时，基于海相页岩气的大量研究，盆内长宁-泸州-安岳、平桥-白涛-焦石坝一带页岩气勘探开发取得显著成效。然而压裂改造过程中诸多问题未能通过先期研究予以解决或预测，研究成果对开发效果的指导性不够明确，表现在不同工区、相同工区内不同区块和区块内不同生产井间的储层特征、改造程度和产量之间并未进行耦合和优化。而沉积、成岩和构造作用下引起的矿物、物性和岩石形态差异对页岩气储层缝网形成的影响方式并未受到足够重视。所以，亟须对四川盆地东南缘的地质背景和志留系龙一段页岩气进行理论研究，进一步认识储层岩相发育及演化特征，分析影响储层改造效果的内在因素，为有效的缝网评价甚至产能评价提供理论基础。

为了对四川盆地东南缘龙马溪组海相页岩气储层提供能够高效指导压裂施工的储层缝网形成评价方法，本书通过实地踏勘、分析化验、施工监测等手段，分析页岩缝网形成影响因素及其相互之间的联系，建立更为全面的评价表征方法。

1.1　国内外研究现状

1.1.1　页岩岩相研究进展

页岩属于细粒沉积岩，构成了 2/3 的沉积岩石记录（王志峰等，2014），相比砂岩、碳酸盐岩具有较小的粒度变化特征，沉积结构不明显（冉波等，2016），早期关于页岩岩相方面的研究较少（彭丽，2017），岩石矿物组分、原生沉积构造、古生物、颜色、岩石形变特征和沉积成岩作用成了早期北美索尼伊（Sonyea）、巴尼特（Barnett）、曼科斯（Mancos）、荷兰侏罗系等页岩岩相的划分标准（Schieber，1999；Potter et al.，2005；Loucks et al.，2007；Macquaker et al.，2012；Trabucho-Alexandre et al.，2012；刘忠宝等，2017）。国内采用广义页岩概念进行了大量研究（王冠民，2005；刘惠民等，2012；姜在兴等，2013；张顺等，2014；吴靖，2015；董大忠等，2018），但始终存在矿物含量界定不清晰的问题。为实现矿区地质与资源富集评价，页岩岩相划分逐渐开始规范，提出衡量生烃吸附和储存富集的多因素划分体系（Loucks et al.，2007；Marcquaker et al.，2012；韩超等，2016）。

相比常规储层，由于页岩需要压裂增产的环节，矿物组分差异成为主要研究对象，用其建立脆性、可压性评价指数，直观反映页岩压裂施工形成缝网的能力与规模，并延伸出矿物端元法，成为目前地质学者划分页岩的主要手段（Rickman et al.，2008；梁超等，2012；Jiang et al.，2013；沈娟，2014；吴蓝宇等，2016），同时提出层理差异也可作为划分依据（Trabucho-Alexandre et al.，2012；Abouelresh et al.，2012；冉波等，2016）。综合来看，页岩岩相划分研究已从最初的基于相标志和古生物逐渐向包含邻层细粒沉积在内的广义页岩划分发展，再逐渐重视储层压裂获产，建立强调微观岩矿组分为依据的划分方法，实现向储层岩石可压裂性的量化评价转变，同时认识到仅以矿物组分评价页岩储层可压性的缺陷，用页岩以天然弱面作为划分依据的方法，实现对储层缝网形成难易程度做出定性评价。

1.1.2　缝网形成影响因素研究进展

页岩储层可压性的因素分析研究已趋于成熟，以评价储层被改造的可能性为目的。然而，页岩气储层压裂评估工作不仅要对页岩岩石可压裂性进行评价，还要对形成缝网的能力进行评价，即缝网可压裂性评价。页岩气储层缝网扩展的影响是综合的，储层缝网的可压性评价则是以评价储层压裂过程能否形成缝网并同时获得高产为目的，评价方法与岩石可压性评价相似，主要包括矿物组分及其对应的岩石力学性质、天然弱面与地应力、既定的沉积与成岩作用等方面。

脆性矿物是页岩水力压裂时能否形成缝网的基本条件。矿物脆性是多种脆性矿物共同作用的反映（Nelson，2001；Matthews et al.，2007；Wang et al.，2009；Olson et al.，2012；李钜源，2013），有助于增加页岩储层的可压性（杨海雨，2014）。脆性矿物含量越大，储层天然裂缝也越发育，使得压裂施工形成诱导缝网的难度降低（赵金洲等，2013）。大量研究还表明，方解石与白云石含量与基质脆性指数呈正相关关系，硅质矿物达到峰值含量后与力学脆性关系并不明显（袁静，2003；宋梅远，2011；王冠民等，2016）。另一方面，泊松比、弹性模量分别是弹性体在外力作用下（抗）压裂能力和在破裂后的岩体支撑能力的响应，是直观反映可压性的因素。矿物比例与形态的变化均可通过泊松比和弹性模量来表征。大量关于矿物与岩石力学的耦合研究表明，孔隙、有机质、黏土与碳酸盐矿物组分控制了岩石的声学和力学性质（Esteban et al.，2013；何建华等，2015；李玉喜等，2016），如伊蒙转化的促进作用（张士万等，2014）、孔隙发育程度与弹性模量的负相关性（刘致水等，2015；潘仁芳等，2016；沈骋等，2018）等。由此可见，页岩矿物岩石学的研究在认识上有长足进展，岩矿组分及其力学性质对缝网形成影响的研究由单矿物组分向多矿物、由矿物含量向矿物形成机理、由力学参数的简单确定向断裂力学和矿物联动发展。

天然裂缝不同的胶结充填程度、尺度与几何形态、发育规模均对页岩缝网的形成产生影响。被充填的裂缝具有比未充填弱面更低的抗张强度（Bowker，2007；Olson et al.，2012；Gu et al.，2012；郭彤楼，2016b），能够在水力压裂时被优先激活发生转向扩展，还能改善因杨氏模量过大造成的导流能力被抑制的问题（赵海峰等，2012），解除封闭后还能形成明显的压降（Carlson，1994），有利于缝网形成。另一方面，天然（微）裂缝较高的发育程度、合理的间隔及长度等均有利于压裂缝网的形成（赵金洲等，2014），增强区域性的沟通作用，但过高不仅会导致动态杨氏模量降低（马存飞等，2016），还易引起近井地带压裂液滤失，转移缝网扩展所需能量并阻碍其持续延伸，使得改造区域较小（郭旭升等，2016）。层理同样是结构弱面，页理间物性和力学性质必然存在差异（Dimberline，1990；Cook，1991；李丕龙等，2004；曾庆辉等，2006；张水昌等，2007；袁选俊等，2015），抗张、抗剪强度较基质岩石弱（张晨晨等，2017），是压裂缝优先开裂对象。较高的层理发育程度不仅有利于裂缝径向的转向与延伸（衡帅等，2015；赵海军等，2016），还有助于裂缝垂向上的扩展（Raji，2015），但受地层应力差异影响（许丹等，2015）。

总体上看，影响机理的研究侧重于储层发育规律及有利勘探综合预测方面，易忽视需通过压裂改造实现产能的页岩与常规储层的差异，对缝网形成的主控因素研究较少,考虑因素过于单一或过于烦琐,也忽略了内在联系的探讨。页岩储层机理研究表明(张士万等,2014;孔令明等,2015;郭彤楼,2016a;朱彤等,2016),沉积环境对矿物、页理缝发育的既定作用,胶结作用对矿物的改造,水体环境的频繁交互对储层差异成层的影响,事件性地质作用对岩相与矿物水化膨胀的控制等均不同程度地影响了储层被改造能力。沉积成岩作用控制着矿物与储层岩石力学性质、天然弱面等影响缝网形成的因素,是储层改造的先天影响方式(王冠民等,2016)。但由于上述机理尚未得到梳理,导致现有原理及方法为实现缝网压裂优选出的页岩并能获得满意的改造效果和产量。

1.1.3 缝网改造评价与表征研究进展

海相页岩气储层需通过压裂实现商业产量,缝网压裂效果的预测或评价工作至关重要。

目前大多数压裂效果评价方法均建立在前述矿物组分含量以及弹性模量和泊松比两类岩石力学基础参数之上(李庆辉等,2012;原园等,2015)。早期关于页岩岩石力学的研究较多,学者通过应力-应变(Hajiabdolmajid et al.,2003)、强度与断裂韧性(Quinn et al.,1997;Altindag et al.,2003)、贯入测试(Yagiz et al.,2009)和地球物理方法(董宁等,2013)进行可压性评价。近年来,国内关于页岩气储层可压裂性评价的研究成果颇多,主要表现为地质学、数学和物理学等方法,从单因素、线性评价向多因素和复杂运算发展(Rickman,2008;谭茂金,2010;刁海燕,2013;王鹏等,2013;董宁等,2013;盛秋红等,2016;张军等,2017)。然而缝网形成影响因素分析零散,未形成较统一的评价机制,储层改造容易遇到不明确的地质因素阻碍。地质特征不仅要用于评价储集性,还应发挥其对可压裂性评价的作用(琚宜文等,2014)。不仅如此,还需考虑裂缝延伸、转向的能力,实现对裂缝扩展程度的预测,考虑多因素影响,量化评价指标、简化影响因素,才能够有效进行页岩气储层缝网形成影响因素的综合评价。

页岩储层缝网表征的前提是对缝网扩展促进与限制的因素的识别。学者们建立不同方法和模型对裂缝动态延伸行为进行描述,包括改进的二维位移不连续法(Parker et al.,2009)、全三维模型(Shapiro et al.,2009)、基于地震和地质模型建立耦合-全耦合地质模型(Yagiz,2009)、扩展有限元方法(Gale et al.,2010)、离散裂缝网络模型、集中椭圆拟三维发育缝网模型来研究(多)裂缝扰动及扩展(任岚等,2017a;Lin et al.,2017),并相继探讨了碳酸盐矿物充填、椭球体形态、岩石纹层和裂缝颈缩造成砂堵等特征与现象(Geilikman et al.,2015;许丹等,2015;Ma et al.,2017)对裂缝延伸的影响。

1.2　本书主要内容

本书主要包括四部分。

1. 层序与地层研究

借鉴已有研究成果，选取四川盆地地层解译成果和 188 口取心井、垂直井的测、录井和分析测试资料，结合邻井、邻区露头资料，对盆内龙马溪组页岩以高精度层序地层学为理论依据，划分各级层序关键性界面，建立海相页岩垂向层序地层格架，建立以体系域为单元层序地层格架。

2. 等时格架下的演化规律

结合前沿研究和研究区剖面、岩心精细观察与描述，薄片鉴定、X 衍射全岩矿物成果，开展海相页岩气储层缝网形成的主控因素演化规律研究，分析页岩在纵向上的发育模式，总结出叠置规律。

3. 缝网形成的影响因素内在机理

运用统计学和数学物理方法，分析各主控因素间内在机理，建立缝网形成主控因素预测模型。分析盆内页岩层序地层的既定特征、沉积成岩垂向演化规律和页岩形成机理等对缝网形成的综合控制，分析缝网形成各主控因素内在机理。

4. 页岩缝网可压裂性综合评价表征研究

提出页岩缝网综合可压裂性评价概念，建立研究区目的层段岩相划分方案，在此基础上建立页岩缝网可压裂性综合评价模型。基于常规测井、成像测井和子阵列声波测井资料，以缝网形成因素为主要输入参数，建立地球物理评价模型，梳理 SRV 表征研究现状，进一步分析缝网形成主控因素对 SRV 展布的控制程度，实现模型对生产井（段）进行综合评价。

第 2 章 页岩沉积特征精细描述与层序地层分析

2.1 地 质 背 景

四川盆地地处上扬子板块，属大型叠合盆地，可分为 5 个次一级构造带（沈骋，2015；Xiao et al.，2015），研究区域位于盆地东南断褶带，呈似菱形，面积约 3 万 km^2（图 2-1）。受多期叠加构造运动（李忠权等，2002；郭彤楼，2016）和沉积成岩作用的改造（王玉满等，2016），五峰组-龙马溪组三分性特征明显，纵向上表现出暗色碳质、硅质泥页岩向浊积砂岩、含粉砂质泥岩变化的特征，厚度在横向上分布稳定（赵金洲等，2017）。地质学者已重点对长宁、涪陵地区的页岩做了大量研究，积累了深入的勘探成果（穆恩之等，1983；李鹏贵等，2009；张正顺等，2013；张小龙等 2013；沈娟，2014；王淑芳等，2014；张瑜等，2015；李艳芳等，2016；刘宇，2016，2017）。盆内页岩气开发已具有显著成效，页岩产区扩建与全区增产改造的推进所获取的翔实的开发资料为后续研究积累了宝贵经验。此外，国内在同步压裂（中石化涪陵 JY40 平台）与拉链式压裂（中石油长宁 H3 平台、中石化涪陵 JY9 平台）技术、重复压裂技术（中石油长宁 H3-6 井、中石化涪陵 JY9-2HF 井）、长宁页岩气田地质工程一体化（谢军等，2017）、深层页岩压裂（涪陵 JY87-3HF 井、JY73-2HF 井）等方面取得长足发展，具有广阔前景。

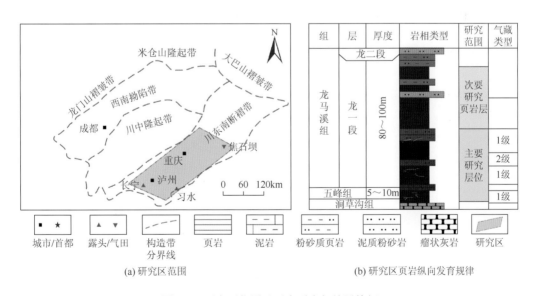

图 2-1 研究区位置及区内页岩气储层特征

2.2　页岩沉积特征精细描述

矿物是影响缝网形成的内在因素。综合取心井和剖面五峰组-龙一段页岩宏观发育特征认为，页岩纵向发育包括互层岩层的微观矿物组分及其宏观序列变化两大特征，考虑不同类型脆性矿物含量变化分别对压裂施工可能产生的影响，侧重强调利用硅质（小于 40%或大于40%）、碳酸盐（小于 8%，小于 10%或大于 10%）等脆性矿物含量进行"Microscale"区分，同时参考岩心和露头层理缝、垂直缝发育特征和沉积相标志，以此划分 6 类岩石微相类型（表 2-1，图 2-2，图 2-3，不包括五峰组观音桥段）：中硅黏土质页岩相（F1），含黏土高硅页岩相（F2），含灰中硅页岩相（F3），含灰高硅页岩相（F4），混合质页岩相（F5）和高自生硅页岩相（F6）。页岩岩相分类有助于在层序地层学"Macroscale"尺度下进行精细解译。

表 2-1　五峰组-龙马溪组页岩岩相划分新方案

岩相	矿物组分/%			层位/频率/比例	裂缝规模	沉积特征与环境描述
	石英	碳酸盐	黏土			
F1	<30	<8	>60	全段/高/低	低	深灰至深黑，水平层理发育，石英少，形成于安静较深的还原环境
F2	>40	<8	<50	部分/低/低	低	深灰，水平层理发育，石英颗粒较 F1 大，形成于较深安静还原环境，受陆源碎屑影响
F3	<40	8～10	50～60	集中/低/低	水平缝	灰色至深灰，水平层理发育，未充填裂缝少量发育，石英粒径变化明显，形成于更深还原环境，并受风暴作用影响
F4	40～55	>10	<40	下部/高/高	大量水平缝发育	深灰至灰黑，水平层理发育，充填裂缝发育，石英颗粒较大，微观互层特征，形成于更深的安静还原环境，并受到海平面升降和风暴影响
F5	40～55	8～10	<40	下部/高/高	高	深黑，层理发育，较 F2 具更频繁的互层特征，充填缝极为发育，形成于较深的安静弱还原环境，受到海平面和间歇性风暴的影响
F6	>60	<8	<30	下部/高/高	高	灰黑，水平层理发育，大量宏观充填裂缝，分为两种类型：①有机质含量极高；②互层特征明显。形成于深且安静的局限或还原环境

2.2.1　中硅黏土质页岩相（F1）

该类岩相在研究层段多呈深灰色-灰黑色薄层状广泛低频率产出，水平层理发育，裂缝不发育。硅质（石英＋钾长石＋斜长石，下同）含量多低于 30%，碳酸盐（方解石＋白云石，下同）矿物含量低于 8%，黏土矿物含量大于 60%。镜下表现为石英颗粒不均匀分布，粒径多小于 0.05mm，泥粉晶白云石和泥粉晶方解石呈星点状多分布在石英颗粒聚集区域，粉末状黄铁矿分布亦较为均匀［图 2-2（a）、图 2-2（b）］，见少量分布不均的放射虫残片。综合分析认为该类岩相表征水体较局限、较安静，具有还原能力的沉积环境，多与含黏土高硅页岩相（F2）微观（0.1～0.3mm）频繁不等厚互层，或宏观上与含黏土高硅页岩相（F2）同时作为其他岩相（F3～F6）的夹层产出。

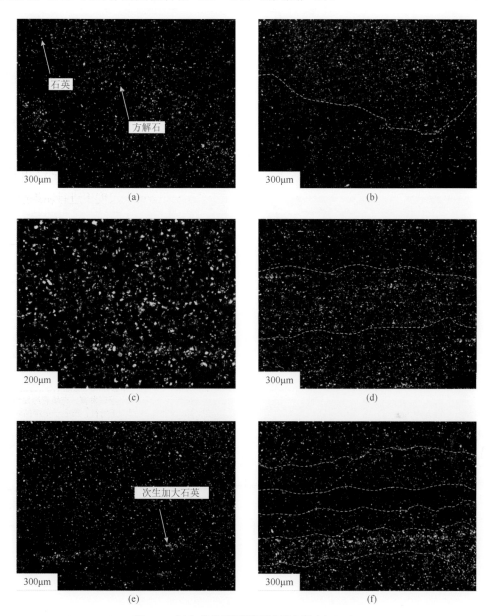

图 2-2　川东南龙马溪组页岩微相特征（一）

注：（a）F1 岩相，砂质为石英粉砂，最大粉砂长 0.05mm，偶见云母细片，泥粉晶方解石星点状较均匀分布，粉末状黄铁矿分布较为均匀。（b）F1 岩相，粉砂多为石英，最大长 0.05mm，有少量云母细片，粉砂分布不均，云母片略具定向性排列。粉末状黄铁矿分布较均匀。（c）F2 岩相，石英粉砂分布不均匀，最大 0.05mm；泥粉晶方解石呈星点状较均匀分布；粉末状黄铁矿分布较为均匀。（d）F2 岩相，水平纹层发育，纹层厚 0.1～0.4mm，纹层为碳质黏土质粉砂岩与含粉砂碳质黏土岩等互层；粉砂多为石英，有少量云母细片，最大粉砂长径 0.04mm，泥粉晶方解石分布较为均匀；粉末状黄铁矿分布不太均匀。（e）F3 岩相，粉砂石英、泥粉晶白云石和碳质黏土三者均匀相混，白云石多为半自形晶，粉砂和白云石聚集呈平行纹层状条带，部分硅质与片状矿物呈细小针纤、针柱状，多见骨针被黄铁矿分布。（f）F3 岩相，石英粉砂分布不均，最大粉砂长径 0.06mm，泥粉晶方解石和白云石呈星点状较为均匀分布。粉末状黄铁矿分布亦较为均匀，水平纹理发育，纹层厚 0.1～2.0mm，纹层为碳质黏土质粉砂岩与含粉砂碳质黏土岩不等厚互层。

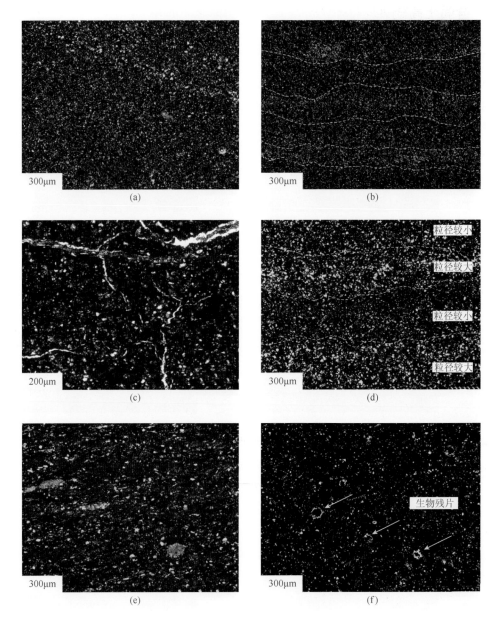

图 2-3　川东南龙马溪组页岩微相特征（二）

注：（a）F4 岩相，粉砂多为石英，有少量云母片；偶见细粒石英，最大 0.07mm，泥粉晶白云石呈星点状较均匀分布；粉末状黄铁矿分布较为均匀。（b）F4 岩相，粉砂石英颗粒和泥粉晶白云石均匀分布，见粉砂和白云石聚集呈平行纹层状与碳质黏土互成条带，白云石多为半自形晶，方解石零星状分布，黄铁矿呈针柱状。（c）F5 岩相，裂缝交织发育，见充填、半充填裂缝转向发育。（d）F5 岩相，大量粉砂石英颗粒，粗粉砂与细粉砂均匀无定向，粉砂与碳质黏土呈平行纹层状互层，层厚为 0.09～0.23mm。（e）纹层状 F6 岩相，粗粉砂与细粉砂相混，少量白云石零星分布，泥晶方解石呈块状聚集分布，与少量片状矿物具定向性排列，两条硅质条带、多条纹层状黏土条带平行分布。（f）炭化型 F6 岩相，粉砂颗粒均匀分布，见硅质壳壁放射虫，部分壳壁内被黄铁矿交代，白云石呈半自形晶分散分布，见少量岩屑有粉砂岩岩屑、黏土岩岩屑。

2.2.2　含黏土高硅页岩相（F2）

该类岩相在研究层段呈深灰色薄层状产出，相比中硅黏土质页岩相（F1）颜色较浅，水平或缓波状层理发育，裂缝不发育。硅质矿物含量高于 40%，方解石和白云石含量低于 8%，黏土矿物含量低于 50%。镜下石英颗粒同样不均匀分布，粒径为 0.05～0.07mm，泥粉晶方解石呈星点状、黄铁矿呈粉末状较均匀分布，未见或极少见生物化石残片 [图 2-2（c）、图 2-2（d）]。与中硅黏土质页岩相（F1）相同，样品测得总有机碳含量均小于 2%，与生物化石残片含量相对应。推测该岩相形成于水体较局限、较安静且具有陆源碎屑提供物质的还原沉积环境。除与中硅黏土质页岩相（F1）频繁不等厚互层外，还表现出少数交互互层的现象，并在龙一段一亚段与高自生硅页岩相（F6）呈互层产出。

2.2.3　含灰中硅页岩相（F3）

该类岩相多在研究层段呈灰色—深灰色薄层状产出，水平层理和层理缝发育，宏观层理缝均呈未充填特征。硅质含量多小于 40%，碳酸盐含量介于 8%～10%，黏土矿物含量介于 50%～60%。镜下硅质、碳酸盐矿物分布规律类似含黏土高硅页岩相（F2），但石英颗粒粒径大小变化幅度更大，为 0.04～0.08mm，泥粉晶方解石和粉末状黄铁矿分布不均匀 [图 2-2（e）、图 2-2（f）]，放射虫残片含量介于中硅黏土质页岩相（F1）与含黏土高硅页岩相（F2）之间。该岩相宏观上呈现出比前述两类岩相更明显的纹层特征。推测该岩相指向水体相对较局限、安静但伴有间歇性风暴影响的还原环境。岩相主要分布在龙一段二、三亚段，且发育区域总有机碳含量在 2% 及以下，位于单一垂向序列的顶部。

2.2.4　含灰高硅页岩相（F4）

该类岩相在研究层段多呈深灰色—灰黑色薄层—中薄层产出，水平层理和裂缝群发育，宏观裂缝呈半充填或充填特征。硅质含量多为 35%～40%，碳酸盐含量大于 10%，黏土矿物含量低于 40%，平均 32.8%。镜下石英颗粒整体分布较均匀，粒径最大 0.05mm，泥粉晶方解石呈星点状不均匀集中分布，而放射虫残片分布区，石英颗粒表现出不均匀的分布特征，泥粉晶方解石均匀分布；黄铁矿多呈针柱状定向分布，而碳酸盐矿物分布较多的样品，黄铁矿含量相对减少。相比含灰中硅页岩相（F3）具有更明显纹层特征，镜下微观层厚在 0.2mm 左右，表现为粒径相似的石英颗粒发育层频繁叠置 [图 2-3（a），图 2-3（b）]，宏观上层理缝与垂直缝网状交错是宏观区分该岩相与含灰中硅页岩相（F3）和混合质页岩相（F5）的主要标志。推测该岩相形成于受海平面升降和间歇性风暴影响的水体局限、安静的还原环境。含灰高硅页岩相是研究层段主要发育的岩相之一，除垂直方向自下而上有机碳含量（3.7%～4.3%、2.8%～3.5%和2.4%～3.1%）逐渐减小外，其余特征基本相似。

2.2.5 混合质页岩相（F5）

该类岩相作为研究层段主要发育岩相之一，主要发育在龙马溪组一段二亚段，呈深灰色薄层状产出，水平层理和层理缝尤为发育，宏观裂缝多被方解石完全充填。长英质、碳酸盐矿物含量分别为40%～55%和8%～10%，黏土矿物含量小于40%。镜下多表现为粉砂石英与泥粉晶白云石、碳质黏土岩相互混杂，三类混层呈平行纹层状互层，部分白云石呈他形晶局部聚集集中，微观上与含黏土高硅页岩相（F2）频繁互层，层厚相比含灰高硅页岩相（F4）更薄，为0.07～0.21mm，微裂缝以未闭合、未充填为主，与宏观充填缝区别明显。相对其他岩相类型，该岩相黄铁矿含量极少，推测沉积环境的还原性较弱，却具最频繁的互层性［图2-3（c），图2-3（d）］。该岩相同时具有相对含灰高硅页岩相（F4）较低的有机碳含量，多为1.8%～2.24%。综合分析认为混合质页岩相表征受海平面升降和间歇性风暴影响明显的水体局限、安静的弱还原环境。

2.2.6 高自生硅页岩相（F6）

该页岩岩相主要发育在五峰组和龙一段一亚段中、下部，呈灰黑色薄层状产出，水平层理和裂缝群尤为发育，且裂缝群均被方解石完全充填，相比含灰高硅页岩相（F4）具有更大的垂直缝发育规模，呈"井"字形发育。该岩相与含灰高硅页岩相（F4）的碳酸盐矿物含量基本相似，硅质矿物含量相对更高，达60%以上，黏土矿物含量在30%以下，最大区别在于该岩相中绝大部分石英为自生型。镜下分纹层型（F6.1）和炭化型（F6.2）两部分［图2-3（e），2-3（f）］：①纹层型表现出与含灰高硅页岩相（F4）相似的特征，但泥晶方解石多呈块状聚集分布，泥粉晶白云石零星分布，片状矿物定向排列更为明显，黄铁矿零星分布；②炭化型表现为大量碳质有机物与黏土相混，石英颗粒零星分布，白云石聚集分布，偶见细小方解石，层理特征不明显，含大量圆状黄铁矿均匀散布。总有机碳含量（3.8%～5.4%）高，综合分析认为该岩相形成于水体极为局限、安静的滞留环境。

2.3 页岩层序地层及其演化

北美页岩气勘探开发取得进展与成果的同时，也伴随实现了层序地层学由碎屑岩和碳酸盐岩向页岩的转化应用（Lash et al.，2011；Slatt et al.，2012，2015；Hammes et al.，2012）。学者针对国内各盆地海相页岩也进行了大量层序地层学研究（Chen et al.，2015；Pan et al.，2015；王同等，2015；赵胜贤等，2016；陈勇，2016；郭旭升，2017；张靖宇等，2017；陆扬博等，2017）。上扬子地区上五峰组至龙马溪组页岩受多重地质事件作用（火山喷发、底流改造和碎屑注入等）、沉积趋势转换、反复的生物总有机碳（total organic carbon，TOC）衰落繁盛演化、古气候和古海洋等影响，反映出多重非均质性和矿物组分差异的特征（Hickey et al.，2007），但现有研究未强调矿物组分的重要性，使得层序研究与页岩气缝网形成评价研究有所脱节。因此，目前对盆内页岩地层层序的划分标准仍未达成共识。研究借鉴生物发育差异、地球化学参数（伽马 GR、铀 U、钍 Th、钾 K、Th/U）划分层序的方法，提出考虑脆性矿物组分（区别考虑硅质和碳酸盐矿物）在层序格架中的差异及其不同成因模式，总结出适合页岩气储层缝网形成评价的垂向模式，进行"Macroscale"层序地层定量分析（图 2-4）。

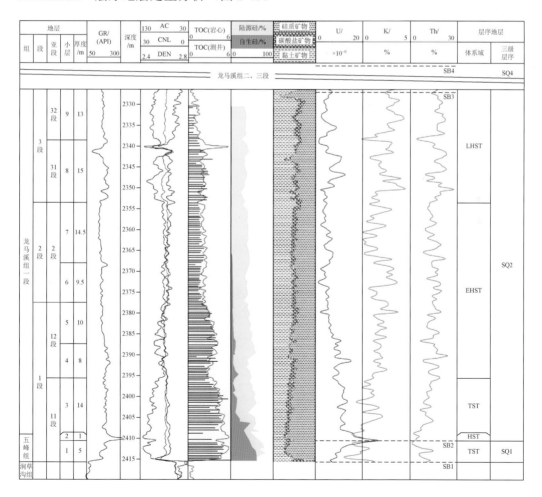

图 2-4　四川盆地东南缘上奥陶统五峰组至下志留统龙马溪组一段层序地层格架

2.3.1　层序界面识别

矿物组分差异能反映沉积环境的变化，有利于层序地层学方面的研究；脆性矿物含量的增减也直接影响页岩储层缝网改造效果，通常认为脆性矿物含量越大，页岩缝网可压裂性越好。然而不论是层序地层学还是储层缝网形成的评价体系，都很少以强调脆性矿物精细区分的角度进行研究，碳酸盐矿物对页岩缝网形成的贡献举足轻重。故本次研究充分考虑硅质、碳酸盐矿物，结合构造背景、古气候、海平面变化与重要地质事件，将研究层段划分出 4 个三级层序界面（图 2-4）：SB1（五峰组底界）、SB2（龙一段底界）、SB3（龙二段底界）、SB4（龙三段顶界）。

1. SB1（五峰组底界）

五峰组与涧草沟组之间可识别出明显的分界线，从观音桥剖面、双河剖面、漆辽剖面均能识别出岩性变化（表现为硅质矿物、碳酸盐矿物的极速增减），即界线上下分别为黑色碳质页岩和（浅）灰色瘤状灰岩，是层序 SQ1 海侵体系域上超响应。从 JY1~4 井测井资料可知（赵金洲等，2017），GR 曲线由 55~75API 向 160~175API 突变，U、Th 和 K 曲线也具备由 $2 \times 10^{-6} \sim 5 \times 10^{-6}$ 向 $8 \times 10^{-6} \sim 10 \times 10^{-6}$、$5 \times 10^{-6} \sim 8 \times 10^{-6}$ 向 $12 \sim 18 \times 10^{-6}$、0.5%~1.0% 向 2%~2.5% 的高值变化。

2. SB2（龙一段底界）

由于奥陶纪末全球海平面、古气候骤降迎来短期冰川期，观音桥段表现出与上覆、下伏岩层不同的岩性（王玉满等，2016b），碳酸盐成分有不同程度的参与：川东南拗陷带（盆内区）中，长宁地区观音桥段以钙质硅质页岩为主，涪陵地区观音桥段以硅质页岩为主，次为钙质硅质页岩；滇黔渝（盆缘区）、威远等沉积期临近古陆、古隆起的地区则以介壳灰岩为主；湘鄂西等地区（盆外区）观音桥期形成水下隆起，并临近古陆，以泥灰岩为主。由测井资料可知，观音桥段地球物理解释有别于上下岩层：盆内川东南地区 GR 曲线异常高值，均在 200API 以上，长宁地区分布在 334~365API，涪陵地区分布在 240~300API；而盆缘、盆外多在 90API 以下；冰川事件造成短时生物大灭绝，随后海平面极速上升将氧化环境再次迅速转变为长期缺氧环境，降低了沉积速率，层序界面 U 值表现为小幅增大特征（$25 \times 10^{-6} \sim 30 \times 10^{-6}$），Th（$4 \times 10^{-6} \sim 6 \times 10^{-6}$）和 K（1%~2%）值则表现为由高至低的特征。

3. SB3（龙二段底界）

该界线同样可通过岩石变化识别，即浅灰色页岩（龙马溪组一段顶界）向深灰色粉砂岩、页岩夹粉砂质条带（龙马溪组一段底界）变化，微观尺度下石英、碳酸盐矿物颗粒由小变大，界面特征表现为沉积期海平面的明显下降。测井解释提出界面特征表现为 GR、Th 和 K 曲线高值向低值明显变化的特征，U 值变化幅度较小。

4. SB4（龙三段顶界）

界线识别上下岩石分别为小河坝组（浊积）砂岩和龙马溪组浅色泥质灰岩、灰质页岩。GR、U、Th 和 K 曲线均表现出高值向低值小幅变化的特征。

以涪陵页岩工区为例，地震层序界面反射特征明显，SB1 波阻抗差异明显，表现为强振幅、高连续高频特征；SB3 相反，表现为弱振幅、中高连续中高频特征；SB4 为弱振幅、高连续中高频特征。该特征与长宁地区页岩工区相似。

2.3.2　层序发育特征

研究根据层序界面识别，识别出 3 个三级层序 SQ1（五峰组）、SQ2（龙一段）和 SQ3（龙二段与龙三段），其中，SQ1 和 SQ2 是本次研究的重点。引入 V/Cr、EF-Ni 值，分别表征沉积环境的氧化还原性和古海洋表层的古生产力，通常，V/Cr、EF-Ni 越大，页岩的有机质发育度越高，有助于判别岩石资源丰度，在此，研究将其用于与可压裂性相关的矿物组分含量的对比关系探讨中。

1. SQ1（五峰组）

由于火山喷发事件和冰期引发的生物灭绝事件，SQ1 分为海侵体系域（transgressive systems tract，TST）和高水位体系域（highstand systems tract，HST），层序厚度约 4～8m，涪陵地区较长宁地区厚。

1）岩性特征

TST 由五峰组中下部页岩构成，厚约 4～7.8m，双河剖面样品 V/Cr 分布为 3.45～9.54，平均 6.27，EF-Ni 分布为 2.23～8.34，平均 4.77（图 2-5、图 2-6），为局限厌氧陆棚环境产物，岩性为黑色碳质、富硅页岩，黄铁矿呈纹层或块状不均匀分布，大量笔石杂乱排列。沉积期石英矿物含量高（60%以上），且大量放射虫、笔石和海绵骨针等生物发育和火山活动形成的火山灰的参与（如斑脱岩的多期次发育），生物成因石英、凝灰质蚀变后发生硅化形成的石英（平均 56.45%，最高达 87.84%）进一步增加表观脆性，碳酸盐矿物含量低于 8%，且多以（微）裂缝充填方解石为主，少量粉晶白云石散布基质，黏土矿物含量分布为 16.14%～25.66%，平均低于 30.12%，TOC 为 3.72%～6.48%，平均 4.84%。

HST 由五峰组上部观音桥段构成，厚约 0.2～1.2m，川东南地区岩性受古地理影响变化较大，长宁地区沉积期受黔中碳酸盐水下隆起控制，局部发育含钙硅质页岩/钙质硅质页岩，黏土矿物低于 20%，方解石与白云石含量约 40%；涪陵地区则兼顾发育硅质页岩、钙质硅质页岩，石英含量占有明显优势，达 49.5%～52.6%，碳酸盐矿物低于长宁地区，多在 30%左右，黏土矿物含量基本相当。

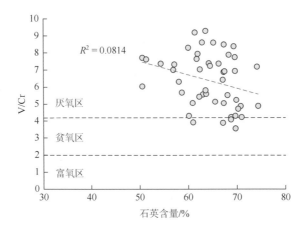

图 2-5　　五峰组石英含量与 V/Cr 关系图

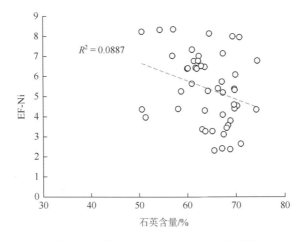

图 2-6　　五峰组石英含量与 EF-Ni 关系图

2）层序的沉积环境响应

层序 SQ1 沉积速率较低，约 1.18～2.19m/Ma（王同等，2015）。早五峰期由于全球海平面上升发生洋底缺氧事件并伴随火山喷发事件，沉积含丰富笔石、放射虫，以及火山灰岩层大量发育的黑色页岩：上扬子地台沉积期受到周缘古隆起、水下隆起遮挡，上扬子海域具滞留缺氧和陆源供应不足的特征，多期次的斑脱岩（28 次，王同等，2015；42 次，陆扬博等，2017；32 次，本次研究）指示火山频频喷发，火山灰几乎覆盖上扬子海域，成为天然相关性的硅藻类微生物的营养物质（Hamme et al.，2010），诱使微生物大量发育导致物极必反的海水快速缺氧现象，微生物大量消亡在滞留缺氧环境形成页理发育的硅质、碳质页岩，无法被微生物吸收的火山灰则经沉积成岩作用形成斑脱岩，因此有 V/Cr

和 EF-Ni 高值也与高石英含量对应（图 2-5、图 2-6）。实验与测井识别钟形高值伽马，钟形低值 Th/U，漏斗值 Ti/Al，碳酸盐矿物含量急剧减少，有机质含量逐渐增大等结论与分析基本对应匹配。而后晚五峰期冰期事件导致的海平面急剧下降，使得全球气候寒冷和生态环境破坏，微生物大量灭绝为陆盆提供充足营养物质，沉积物转变为冷水碳酸盐岩沉积，故而测井识别出尖指异常高值伽马、低值 Th/U 特征。

2. SQ2（龙马溪组一段）

同理，研究区 SQ2 可识别出海侵体系域（TST）、早期高水位体系域（early highstand systems tract，EHST）和晚期高水位体系域（late highstand systems tract，LHST），层序厚度约 85～160m。

1）岩性特征

TST 由龙马溪组一段一亚段构成，厚度约 30～45m，发育深水陆棚碳质页岩，大量笔石杂乱排列，水平层理发育，见大量放射虫和海绵骨针、纹层状和块状黄铁矿，低频次斑脱岩发育。该段同样受生物、火山事件影响，石英含量分布为 32.24%～59.78%，平均52.55%；碳酸盐矿物含量较 SQ1 多，分布为 8%～12%，平均 10.84%，多存在于裂缝中，以胶结充填为主，次为基质中；黏土矿物含量分布为 22.79%～45.85%，平均 34.75%；V/Cr 主要分布为 2.47～5.06，平均 3.74；EF-Ni 分布为 1.87～4.78，平均 3.41（图 2-7，图 2-8）；TOC 分布为 1.98%～5.08%，平均 3.97%，表征厌氧水体环境。

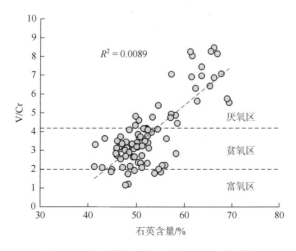

图 2-7　龙马溪组石英含量与 V/Cr 关系图

EHST 由龙马溪组一段二亚段构成，厚度约 25～50m，发育黑色页岩和粉砂岩条带，粉砂条带具有向下侵蚀现象（郭旭升等，2017），微观见交错纹层，纹层状黄铁矿和笔石定向排列发育，表征陆棚沉积具有局限性。石英矿物含量分布为 15.41%～55.77%，平均

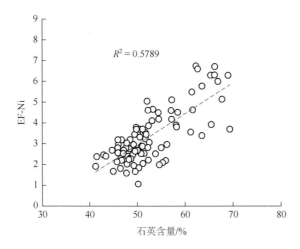

图 2-8　龙马溪组石英含量与 EF-Ni 关系图

42.41%；碳酸盐矿物分布为 12%～25%，平均 15.02%，多存在基质中；黏土矿物含量为 28.22%～53.52%，平均 41.56%；V/Cr 分布为 1.75～3.68，平均 2.33；EF-Ni 分布为 1.07～3.99，平均 1.97；TOC 分布为 1.18%～3.98%，平均 2.45%，表征贫氧与富氧相互的水体环境。

LHST 由龙马溪组一段三亚段构成，厚度约 25～75m，发育浅灰色泥岩夹粉砂质条带等，见生物潜穴和生物扰动现象。石英矿物含量分布为 23.47%～42.74%，平均 31.58%；碳酸盐矿物含量为 8%～12%，平均 8.85%，以基质中为主；黏土矿物含量分布为 34.52%～72.47%，平均 55.79%；V/Cr 分布为 1.02～2.15，平均 1.59；EF-Ni 分布为 0.63～2.14，平均 1.27；TOC 分布为 0.19%～1.98%，平均 1.21%，表征低生产力的陆棚环境。

2）层序的沉积环境响应

层序 SQ2 具有与 SQ1 相似的特征，由火山事件形成硅质页岩和斑脱岩层。但在龙一段沉积期海侵体系域始，由于海平面快速回升，扬子地区北缘继承了 SQ1 古隆起、水下隆起的特征，但遮挡性减弱，海洋底流侵入，微生物发育和大规模繁殖得以实现，使得岩石发育多样，具备粉砂条带、岩性变化大等特征，仅部分页岩发育区沉积期仍受隆起遮挡，直至 EHST 期，岩石类型仍较为单一。而 LHST 发育期川东南页岩发育区构造隆升强烈，海退迅速，古陆围陷特征明显，陆源供给增强，发生大量浊流事件，矿物颗粒逐渐增大，由硅质页岩向砂质云岩、粉砂质页岩等过渡，靠近雪峰山隆起、黔中隆起区域（如长宁、丁山一带）Ca、Mg 注入程度大，页岩中频繁夹灰岩、白云岩薄层，特征上类似湖相页岩。测井解释尖形钟形高值伽马、低值 Th/U 等成果与层序和环境对应。综合来看，龙一段石英含量可反映古环境对储层含气性和脆性的双重贡献（图 2-7、图 2-8），即具有较好的生烃能力，也同时代表着有效的矿物脆性。

2.4　垂向演化特征

研究区海相页岩沉积期整体海域小、近物源、水下隆起隔断性强，岩石纵向上具有诸多变化。从剖面和取心井实测结果来看，页岩矿物组分、沉积构造和地球化学特征等方面具有明显差异。然而，纵向上岩石差异演化存在明显的韵律性。因此，运用层序地层模式在海相页岩大尺度垂向变化的研究是有效的。基于层序地层与沉积特征精细描述，研究总结了包括双河剖面和涪陵页岩气取心井均具备的垂向演化规律（图 2-9，图 2-10）。

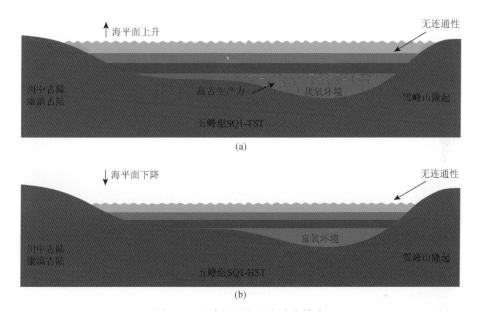

图 2-9　五峰组页岩层序演化模式

SQ1-TST 时期，沉积环境表现出闭塞、厌氧的特征，笔石、放射虫等生物大量发育，奠定了碳质页岩的形成。频繁的火山活动也使得斑脱岩夹层大量发育。岩石呈深色，宏观纹层不明显，发育交织的方解石充填裂缝，生物化石碎片含量十分高［图 2-9（a）］。SQ1-HST 时期，冰期环境影响海平面极速下降，介壳灰岩、含灰硅质页岩在盆内、盆缘和盆外不同程度发育，而火山活动使得成岩期交代作用得以发生，研究区形成大量含灰硅质页岩，整体上仍和 TST 期无异，但岩石破碎度更高［图 2-9（b）］。

SQ2-TST 时期气候回暖导致海平面上升，形成贫氧、厌氧环境，笔石、放射虫和海绵骨针等生物再次间歇性大量发育。与 SQ1 相似的是，岩石整体上呈灰黑色至黑色碳质特征，裂缝间歇性交织发育，方解石、泥质（半）充填，生物发育具明显频次，但横向发育规模与 SQ1 较为一致，而岩石纹层较明显［图 2-10（a）］。EHST 海平面的频繁升降，表现为下降趋势，沉积环境转变为贫氧和较富氧的交替，笔石和海绵骨针等生物的间歇性

发育特征更为明显，但发育规模较小，纹层厚度明显增大，裂缝也并没有下伏岩层的发育
程度高，陆源碎屑的注入也使得岩层内粉砂团块增多 [图 2-10（b）]。LHST 继承了 EHST
的沉积特征，但持续地发生间歇性海退，沉积环境表现出富氧特征，生物化石不发育，但
见明显的生物扰动现象，岩石纹层特征与 LHST 相似，粉砂团块也更多 [图 2-10（c）]。
因此，页岩储层受沉积作用影响，不同沉积时期，即使位于同类层序格架内，仍具有明显
的差异发育特征，本质上控制压裂改造时 SRV 的发育程度，影响水力压裂改造效果。

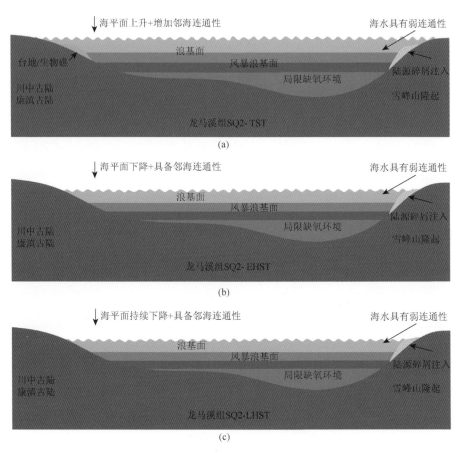

图 2-10　龙马溪组一段页岩层序演化模式

2.5　沉积岩相与层序地层研究对缝网形成的影响

2.5.1　沉积岩相对缝网形成的影响

沉积相研究表明：岩相具有不同的矿物组构、储集物性和沉积相标志，在质与量上均
对页岩缝网的形成产生影响，各项影响因素多存在定性的线性关系（表 2-2）。由于海相
页岩海侵-海退引起海平面升降，促使水动力、氧化还原条件的变化，岩石矿物成分、构

造等特征也会发生改变；不同地质时期构造运动不同程度的作用也再次改造了岩石本身的性质。由露头与单井精细描述可以发现，页岩层具有不等量的韵律变化特征，核心的变化在于矿物、天然裂缝、岩石储集性、结构构造等方面，而这些因素也是衡量压裂缝网形成及 SRV 发育规模的先决条件。通过露头踏勘、取心资料的宏观精细描述，结合室内微观分析成果，可对上述核心变化因素进行演化规律分析。然而，局限于"Microscale"划分结果，运用 6 类页岩沉积岩相无法做出有效和统一的页岩气储层缝网改造效果评价（表 2-3），无法定量识别出最有利于缝网形成的因素及其对应的岩相。

表 2-2　页岩气储层缝网形成影响因素及其影响特征

影响因素		影响特征
地质因素	脆性矿物总含量	脆性矿物含量越高，缝网形成效果越好
	基质孔隙度与孔隙	孔隙度偏小，岩石硬脆性更佳，缝网形成效果越好
	天然裂缝发育程度	天然裂缝发育程度越高，缝网形成效果越好
	天然裂缝充填程度	天然裂缝胶结充填有利于缝网形成
	层理缝发育程度	层理缝有利于水力裂缝延伸扩展
	岩石纹层厚度	厘米级页岩纹层发育区有利于缝网形成
岩石力学因素	地应力	水平方向主应力差越小，缝网形成效果越好
	弹性模量	弹性模量越高，缝网形成效果越好
	泊松比	泊松比越小，缝网形成效果越好

表 2-3　页岩气储层缝网改造影响因素及其单因素影响结果

影响因素	影响结果
脆性矿物总含量	高自生硅页岩相（F6）脆性矿物含量最高（大于 65%），缝网形成能力最佳
天然裂缝发育程度	混合质页岩相（F5）和高自生硅页岩相（F6）微裂缝最发育，缝网形成能力好
天然裂缝充填程度	含灰高硅页岩相（F4）、混合质页岩相（F5）裂缝充填高，缝网更易激活扩展
层理缝发育程度	含灰高硅页岩相（F4）层理缝最发育，缝网形成激活度大
岩石纹层厚度	含灰高硅页岩相（F4）纹层特征最为明显，成层性最好，改造形成能力最佳
基质孔隙度	混合质页岩相（F5）孔隙度较小，岩石硬脆性较好，缝网形成能力好

2.5.2　层序地层对缝网形成的影响

层序地层研究分析表明，现有成果对页岩勘探评价具有地质意义，海侵体系域是页岩形成缝网获得高产的关键，但工程上不足以对高产段页岩缝网形成的影响因素分析做出指导，主要表现在：SRV 是衡量压裂改造程度的核心参数（任岚等，2017a），可通过建立的数学模型进行描述，但理想模型（Shapiro et al.，2009）不能考虑岩石属性变化引起的各向异性对缝高、缝长尺度的影响，既定沉积、成岩环境对层序的大尺度控制在 SRV 的描述上不能满足研究精度（沈骋等，2017）。页岩储层应视为烃源储集层和优势压裂层的变频薄层交互，压裂过程中裂缝纵向上穿透不同层能力是具有差异的，这与不同沉积、成岩环境、矿物组分（脆性矿物和塑性矿物）和岩石力学参数等因素有密切关系。

第3章 等时格架下缝网形成的影响因素演化规律

层序地层学的研究思想对页岩非均质性、页岩勘探有利层的预测具有重要作用。然而生产实践表明，地球物理勘探技术的米级精度也无法对TST（海侵体系域）作出较明确区分，且层序地层学研究未能进一步作出精细描述，这使得以往"Macroscale"的研究并不能对页岩缝网可压裂性作出有效和准确的指导。而"Microscale"的页岩岩相（微相）划分结果也难以作出统一的页岩气储层缝网形成评价。因此，亟须通过建立一种对海相页岩缝网形成影响因素分析及评价的方法。

3.1 等时格架建立

Brian和Donald（2003）提出"Mesoscale Stratigraphic Analysis"用于研究岩相与层序，此方法具有宏微观尺度相结合的特点，即此方法中将岩石尺度介于"Macroscale"（体系域、层序）（Vail，1977）和"Microscale"（层、层组）（Weir，1953）之间进行研究，尺度上与四级层序相对应（图3-1）。陈吉涛（2007）、沈骋（2015）也通过类似方法对鲁西、川北寒武系进行"相组合分析"研究。已有研究将海相页岩视为细粒沉积，垂向变化明显小于碎屑岩和碳酸盐岩沉积，因而在"Macroscale"条件下难以将研究精细化，同时也很难单独在"Microscale"条件下区分页岩。尽管这并不影响地质学者对页岩地层的认识，但层理和垂向序列对页岩缝网的形成至关重要（姚光华等，2015；许丹等，2015；孙可明等，2016），因此现有的页岩沉积特征研究尚不能达到页岩储层增产改造评价与表征的要求。

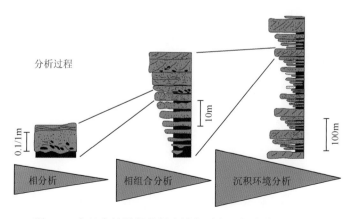

图3-1 中尺度地层学分析方法与过程（据沈骋，2015）

因此，本次研究对剖面与岩心作大量精细描述，提出页岩垂向发育还具备中尺度的演化特征的观点。因此需要建立比体系域尺度略小的地层格架，即运用中尺度地层学，将中尺度的海侵-海退单次旋回作为一个最小单元等时格架，及沉积岩相组合（facies association），进一步从岩石各项特征对主力产气层段作精细研究并探讨。

3.2　岩相组合特征

工程研究过程中通常将页岩定义在围压条件下，分析不同的应力破坏形式引发的缝网扩展对生产的影响（Gale et al.，2010；Yu et al.，2012）。然而工程上忽视了既定地质岩体特征的影响，页岩实则为具有不同岩石力学性质的岩层纵向叠置的几何体。本次研究利用成层性、TOC 含量和裂缝发育等特征，划分出三类沉积岩相组合：生物型页岩相组合（FA1）、互层型页岩相组合（FA2）和裂缝型页岩相组合（FA3），如表 3-1 所示。岩相组合划分不仅考虑了岩相的矿物组分影响，还考虑了层序地层控制的海水动荡影响下物性（有机质发育）、纹层发育（页岩层理）和先天改造效果（天然裂缝发育特征），实现了微尺度与大尺度结合。

表 3-1　岩相组合划分标准及相组合特征

岩相组合		主要发育层位	划分标准			
			对应岩相	层理发育	有机质	天然裂缝发育
FA1	FA1^1	五峰组	F6	宏观层理明显，微观不明显或不发育	生物无序大量分布	网络化发育
	FA1^2	龙一段中上部	F1、F2、F4	宏观层理较明显，微观不明显	生物规律大量分布	少量层理缝或不发育
FA2	FA2^1	龙一段中下部、五峰组	F4	层理发育密集	较少	大量层理缝
	FA2^2	龙一段中上部	F1、F2、F3	层理发育明显，层理厚度大，密度低	较少	层理缝发育
FA3		龙一段中下部	F5	微观层理发育，宏观层理发育适中	定向发育，适中	层理缝、构造缝网络化分布

3.2.1　生物型页岩相组合（FA1）

FA1 有两种垂向组合形式（图 3-2）。

FA1^1 主要由 F6 和少量 F1、F4 组成，集中发育在五峰组和龙一段底部，表现出交织裂缝大量发育，其中高角度裂缝呈弯曲转向的特征，笔石、苔藓虫等生物残片无规律分布

[图 3-2（a）]，岩石宏观的成层性十分明显，自下而上由炭化型 F6 过渡到纹层型 F6 与 F2 并频繁互层。岩相的过渡对应生物繁盛度减弱、水体逐渐具微弱水动力等特征；火山活动和黏土转化破坏了高炭化度岩层极具规则的成层性，使得微观纹层特征不明显，微裂缝网络化展布，储层纵向、横向的物性与力学性质等方面的差异变小。

笔石面比85%　　　　　　　2387.82m　　笔石面比70%　　　　　　2392.35m

　　　　　　(a)　　　　　　　　　　　　　　　　　(b)

图 3-2　JY1 井岩心中 FA1 顶部特征

FA1^2 由 F1、F2、F3 和 F4 组成，底部为 F3 或 F2，向上逐渐过渡到 F4、F3 与 F1 或 F2，自生石英逐渐替代陆源碎屑石英，水体环境水动力逐渐减弱，接受外来物质的能力逐渐减弱，因为水体动力得以恢复，生物分布已不具备 FA1^1 的无规则散布特征，岩相组合上部生物残片集中呈面状发育 [图 3-2（b）]。总体上，FA1 矿物组分、环境纵向变化小，生物繁盛得以维持，具有优质的生烃潜力。

3.2.2　互层型页岩相组合（FA2）

FA2 同样存在两种垂向组合形式 [图 3-3（a），图 3-3（b）]。

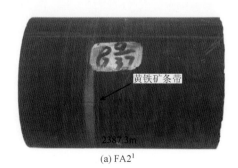
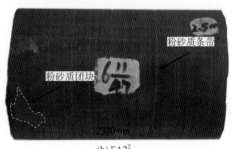

黄铁矿条带　　　　粉砂质团块　　粉砂质条带

2387.3m　　　　　　　　　　　2370.6m

(a) FA2^1　　　　　　　　　　　　(b) FA2^2

图 3-3　JY1 井岩心中 FA2^1 和 FA2^2 特征

FA2^{1}由 F4 和 F1、F5 组成,以 F4 为主,集中发育在龙马溪组一段中下部[图 3-3(a)],具有三类组合中最高比例的硅质矿物和最高比例的碳酸盐矿物含量,脆性矿物总量和炭化型 F6 相当,但 TOC 较低,含气性较差;碳酸盐矿物占比大,泥粉晶方解石、白云岩发育,表明受到碳酸盐岩台地影响;FA2^{1}多紧邻 FA1^{1}发育,沉积环境继承深水滞留缺氧环境。综合认为 FA2^{1}形成于沉积环境发生重大变化的时期,风暴作用可实现台地碳酸盐成分大规模搬运,即高频风暴影响的半局限缺氧环境。

FA2^{2}以 F1、F2 和 F3 为主要岩相,与 FA2^{1}最大的区别在于,粉砂质团块集中发育,或夹大规模粉砂质条带 [图 3-3(b)],成层性逐渐明显,说明沉积时期陆源碎屑供应存在明显间歇性,并且相比 FA2^{1}的脆性矿物含量低。FA2 不同的组合形式从大到微尺度都具备互层特征,表征水体高频小幅动荡,组合内矿物粒度、成分的变化幅度相对稳定。该类组合主要发育在主力产气层的上部及上覆龙一段二亚段、三亚段中。

3.2.3　裂缝型页岩相组合（FA3）

FA3 主要由 F5 组成,次由 F2、F3 组成,集中发育在龙马溪组下部。岩相在镜下互层特征明显,但相比 FA2 互层的频率小。宏观上裂缝群极发育 [图 3-4(a)],层理缝以沿岩性过渡面延伸发育为主,方解石(主要充填物)、泥质充填、半充填特征明显,而微观裂缝可见未充填状态的应力释放缝 [图 3-4(b)];构造缝(群)则以近垂直和高角度两种形式并存,裂缝(群)尖灭处多为近垂直状态与层理缝重合,并多将原位层理缝错位,或呈高角度形态直接穿透层理,裂缝群多由方解石、黄铁矿等矿物完全充填。层理缝、构造缝(群)的大量发育、网络交织等特征与 FA1^{1}相似。

 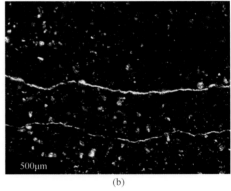

(a)　　　　　　　　　　　　　　　(b)

图 3-4　双河剖面 FA3 岩相组合发育特征

3.3 等时格架识别

中尺度视角页岩可视作不同岩相组合纵向叠置的组合体：五峰组纵向叠置为①FA1 独自成组，或②FA2-FA1；龙马溪组一段表现为①FA2-FA1 和②FA3-FA2-FA1（图 3-5～图 3-8）。

3.3.1 五峰组纵向叠置模式

1. FA1 独自成组

FA1 独自成组是五峰组代表性的纵向叠置模式，纵向上各项特征基本趋于相同，表征地质环境的稳定性，主要体现在生物碎屑的堆积环境适宜、硅质矿物含量的绝对性主导地位以及持续的高 TOC 含量和不同交互形态的天然缝网（图 3-5）。

图 3-5 FA1 独自成组（2.96～3.71m）

2. FA2-FA1 叠置模式

FA2-FA1 叠置模式主要发育在五峰组上部（图 3-6），纵向演化特征与 FA1 独自成组相似，但生物碎屑堆积的环境、天然裂缝发育特征、TOC 等特征小幅变化，总体上仍表征稳定的地质环境。而硅质矿物组分含量却发生由 50%向 70%的明显转变，这与生物对硅质矿物的形成的参与发生了间歇性作用有关。

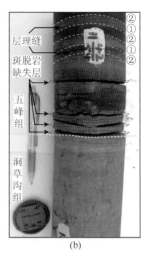

(a)　　　　　　　　　　　　　　(b)

图 3-6　FA2-FA11 独自成组（2.96～3.71m）

3.3.2　龙一段纵向叠置模式

1. FA2-FA1 叠置模式

龙一段 [1]FA2-FA1 叠置模式与五峰组具有明显不同，序列内的变化幅度较大（图 3-7）。龙一段单一叠置模式内自下而上存在缺氧向厌氧的环境转换，具体表现在：生物从较（不）适堆积向适宜转变、层理缝由主要发育类型向天然缝网转变、层理由极为发育向不甚明显转变、TOC 由低向高转变、硅质矿物由 50%（甚至 40%）向 60% 转变、碳酸盐矿物由 10% 以上向 10% 以下转变。与页岩气储层缝网形成的各项影响因素的变化来看，沉积水体的振荡性足以影响海相有机质页岩的富有机质程度，同时形成一定比例的差异岩层的高频交互。

图 3-7　双河剖面 FA2-FA1 叠置发育特征

2. FA3-FA2-FA1 叠置模式

龙一段 [1]FA3-FA2-FA1 叠置模式序列内的变化较为复杂（图 3-8），表征从不适宜到适宜生物堆积，从较好到优质含气性，从相对较浅到相对较深水体，从相对缺氧到滞留厌氧，从受海平面升降和接受物源供应影响到不受水动力影响的沉积环境，从裂缝极为发育到较发育再到一般发育，从裂缝完全充填到半或未胶结充填的过渡。

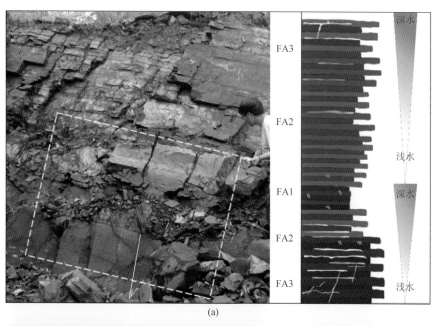

(a)

(b)

图 3-8　FA3-FA2-FA1 叠置发育特征

中尺度地层学角度分析认为,不同叠置模式主要区别在于不同沉积、成岩时期持续的周期不同,不同组合发育规模和相标志也不尽相同。页岩垂向上沉积特征的变化表明,页岩仍可以采用广义沉积岩的研究方法对其进行分类,探讨岩矿、储集性能和形态等方面的变化,也间接表明,不同层位的岩石、相同层位内不同的岩相与组合叠置关系可能是影响页岩气储层缝网压裂效果的外在表现之一。为此,有必要对缝网形成起到影响作用的岩相变化的各方面对应的变化规律进行研究。

3.4　矿物组分演化

岩矿成分是目前页岩气储层储集性和缝网形成影响因素分析及评价的首选因素。海相页岩中矿物在垂向上的变化是非常明显的。研究通过双河剖面、JY1 井密集取样进行 X 衍射全岩矿物分析实验,配合微观特征观察结果,对研究区内海相页岩各类矿物进行演化规律分析。引入矿物来源评价指标,如表 3-2 所示。

表 3-2　页岩主量元素分析方法

分析方法	分析结果
Si/Al	直观反映硅质矿物(Si)与黏土矿物(Al)之间的关系,直观确定矿物脆性
$SiO_2 - [(Si/Al)_{经验} \times Al]$	根据 Si/Al 平均经验值判定硅超量值,即高于正常碎屑沉积时 SiO_2 的程度
Si/(Si + Al + Fe)	用于判别页岩硅质成因的方法,比值越大,生物成因硅质页岩比例越高
Al/(Fe + Al + Mn)	用于判别页岩硅质成因的方法,比值越大,生物成因硅质页岩比例越高

3.4.1　五峰组页岩矿物组分演化规律

1. 五峰组下部 FA1[1] 矿物组分演化规律

五峰组下部发育 FA1[1] 页岩,矿物组分在含量上并未有太大变化(图 3-9 中 3#、5#、13#、16#样品),硅质矿物(石英 + 长石)含量稳定在 60%以上,碳酸盐矿物(方解石 + 白云石)含量稳定在 10%以下(图 3-10),黏土矿物含量稳定低于 25%。按发育形态,单偏光显微镜下硅质矿物可分为:①硅化生物(包括笔石、海绵骨针、放射虫等)残骸状,由大量硅质生物形成,形态无规则,包括椭球形、条带状和纺锤形,残骸主要分布在 10～1000μm,垂向上呈间接发育特征;②颗粒状,粒径约 10～100μm,散点式密集分布,且炭化严重;③次生加大状,原始小颗粒石英受成岩作用影响逐渐增大粒径,达 20～1000μm。总体而言,按 Wedepohl(1971)、Yamamoto(1987)、Harris(2011)和王淑芳(2014)等的页岩矿物学研究方法(表 3-2,表 3-3 中 3#、5#、13#、16#样品)可以看出,Si/Al

均大于 12、$SiO_2-[(Si/Al)_{经验} \times Al]$过量硅均大于 42.52、$Al/(Fe+Al+Mn)$为 0.61~0.65、$Si/(Si+Al+Fe)$为 0.88~0.90，证实 FA1[1]硅质矿物以生物成因为主。碳酸盐矿物则以半自形晶白云石为主，次为泥晶方解石，零星均匀分布，粒径均小于 10μm，偶见块状泥晶方解石，粒径可达 100μm 及以上。该岩相组合内岩石矿物组分含量稳定，且大颗粒矿物较多，垂向上也均匀分布。

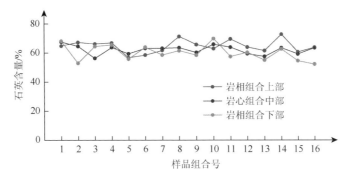

图 3-9　FA1[1]、FA2[1]-FA1[1]页岩石英含量纵向变化统计

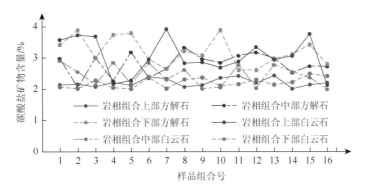

图 3-10　FA1[1]、FA2[1]-FA1[1]页岩碳酸盐矿物含量纵向变化统计

表 3-3　FA1[1]、FA2[1]-FA1[1]页岩主量元素分析统计

样品号	元素含量/%				解析方法			
	Si	Al	Fe	Mn	Si/Al	过量硅	Al/(Fe+Al+Mn)	Si/(Si+Al+Fe)
1#	66.90	3.25	2.18	0.052	20.58	56.79	0.59	0.92
2#	61.61	4.14	1.82	0.053	14.88	48.73	0.68	0.91
3#	62.32	4.59	2.36	0.030	13.57	48.04	0.65	0.89
4#	65.37	3.70	2.79	0.050	17.66	53.86	0.56	0.90
5#	57.27	4.74	2.75	0.056	12.08	42.52	0.62	0.88
6#	69.38	3.36	1.91	0.049	20.64	58.93	0.63	0.92
7#	66.25	4.94	2.03	0.053	13.41	50.88	0.70	0.90

样品号	元素含量/%				解析方法			
	Si	Al	Fe	Mn	Si/Al	过量硅	Al/(Fe + Al + Mn)	Si/(Si + Al + Fe)
8#	68.99	3.48	2.34	0.051	19.82	58.16	0.59	0.92
9#	61.47	3.55	2.12	0.057	17.31	50.42	0.61	0.91
10#	66.20	3.15	2.51	0.048	21.01	56.40	0.55	0.92
11#	63.59	3.01	2.43	0.038	21.12	54.22	0.54	0.92
12#	61.22	3.14	2.05	0.030	19.49	51.45	0.60	0.92
13#	63.58	4.27	2.57	0.057	14.88	50.30	0.61	0.90
14#	67.76	3.91	1.96	0.058	17.32	55.59	0.65	0.92
15#	62.68	3.02	2.76	0.049	20.75	53.28	0.51	0.91
16#	65.53	4.66	2.38	0.057	14.06	51.03	0.65	0.90

注：#表示该样品组内 3 块样品的平均值，下表皆同。灰色背景样品（3#、5#、13#、16#）为 FA1^1 矿物组分；其余为 FA2^1-FA1^1 矿物组分。

2. 五峰组中、上部 FA2^1-FA1^1 矿物组分演化规律

五峰组中、上部发育 FA2-FA1 页岩，表现为 FA2^1-FA1^1，但矿物组分含量具有小幅变化：单一海退-海侵序列中，硅质矿物由 50%～60%向 70%以上转变（图 3-9），碳酸盐矿物含量稳定在 10%以下（图 3-10），黏土矿物含量则由 20%～25%向低于 20%转变。单偏光显微镜下硅质矿物形态依次为：①颗粒状，粒径 10～200μm，次棱角状密集分布，纵向上逐渐增大；②次生加大状，粒径达 100～500μm，主要在序列中上部发育；③硅化生物残骸状，整段均可见，纵向上逐渐增多，残骸大小分布在 10～700μm。矿物参数比值可以看出（表 3-3），Si/Al 均大于 12、SiO$_2$–[(Si/Al)$_{经验}$×Al]过量硅为 48.73～58.93、Al/(Fe + Al + Mn)为 0.51～0.70、Si/(Si + Al + Fe)为 0.90～0.92，序列底部硅质矿物以陆源碎屑供应和生物成因共同决定，向上逐渐变为生物成因占主导。碳酸盐矿物形态以零星状为主，单一海退-海侵序列中自下而上由泥晶方解石为主向白云石转变（图 3-8），序列中下部碳酸盐矿物较多。

3. 矿物组分演化的沉积与成岩响应

由此可见，对页岩气储层缝网压裂最关键的硅质矿物和碳酸盐矿物在纵向上均存在特殊的变化规律。FA1 内部高比例笔石、放射虫等生物体发育，对应了静水与缺氧、富硅的水体环境，并有利于生物遗体的堆积和埋藏。但对生物残骸状硅质矿物来说，由于沉积期海水的不饱和硅质状态以及成岩期孔隙水的溶解性，SiO$_2$ 无法完好保存，残骸状硅质矿物未呈完整状，特征上表现为微观尺度较大，岩样也可识别。此外，次生加大状石英是由于成岩期生物成因硅质矿物可发生重结晶作用、黏土矿物转化和次生加大作用形成的，石英占比会有所提

高，原理上增大了岩石脆性，但矿物粒径有所增大。而颗粒状硅质矿物分布广，粒径普遍较小，是正常远洋悬浮颗粒沉积与生物、黏土矿物转化和事件性成因共同作用的产物。

综合来看，五峰组下部 $FA1^1$ 页岩矿物的稳定性指向持续性的缺氧环境，硅质矿物的大量发育反映了硅质生物多、沉积水体含硅量高相辅相成的贡献；五峰组中、上部 $FA2^1$-$FA1^1$ 页岩矿物的小幅变化（图 3-8）指向弱缺氧程度与强缺氧程度相互转变的环境，水体局限程度增大时，缺氧程度高，生物堆积度高，有利于生物残骸状硅质矿物形成，长时间均匀沉积的小颗粒状硅质、黏土矿物也有利于成岩期次生加大作用、黏土转化作用对岩石脆性的贡献。而碳酸盐矿物作为脆性矿物之一，在 FA1 中发育量较少，且因为相比硅质矿物的脆性指数较小，故表面上对缝网压裂脆性贡献较小。

3.4.2 龙一段页岩矿物组分演化规律

1. 龙一段下部 $FA3$-$FA2^1$-$FA1^1$ 矿物组分演化规律

龙一段下部发育 $FA3$-$FA2^1$-$FA1^1$，特征与五峰组中、上部 $FA1^1$ 较为一致，但矿物演化规律更为明显：单一海退-海侵序列中，矿物含量变化幅度有所扩大，硅质矿物主要由 40%～60% 向 70% 以上转变，其中，石英矿物变化最为明显，由 30% 向 60% 转变（图 3-11），方解石矿物含量主要在 10%±5% 变动，黏土矿物含量由 20%～30% 向低于 20% 转变。单偏光显微镜下硅质矿物形态主次顺序依次包括颗粒状、硅化生物残骸状和次生加大状：颗粒状石英次棱角状-次圆状，密集排列，粒径分布集中，为 10～100μm；残骸状硅质矿物多发育在序列上部，残骸大小约 10～1000μm，次生加大状石英发育较少，集中在序列中上部。研究表明（表 3-4），Si/Al 为 3.05～4.34、SiO_2-[(Si/Al)$_{经验}$×Al]（过量硅）为 0.38～15.06、Al/(Fe + Al + Mn) 为 0.63～0.75、Si/(Si + Al + Fe) 为 0.68～0.75，序列底部硅质矿物以陆源碎屑供应为主，次为生物成因，向上逐渐变为生物成因主导。碳酸盐矿物形态仍以零星状为主，序列中自下而上由泥晶方解石为主向白云石转变，序列中、下部碳酸盐矿物较多，呈先增多后减少的趋势（图 3-12）。

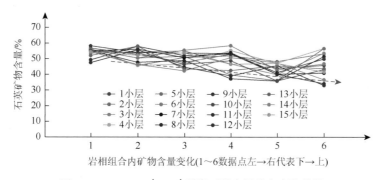

图 3-11 $FA3$-$FA2^1$-$FA1^1$ 页岩石英含量纵向变化统计

表 3-4　FA3-FA2^1-FA1^1 页岩主量元素[包括 Si/Al、Al/(Fe + Al + Mn)、Si/(Si + Al + Fe)]

样品号	元素含量				解析方法			
	Si	Al	Fe	Mn	Si/Al	过量硅	Al/(Fe + Al + Mn)	Si/(Si + Al + Fe)
#17	52.26	15.83	5.83	0.062	3.30	3.02	0.72	0.70
#18	47.47	14.61	6.64	0.028	3.24	2.03	0.68	0.69
#19	50.82	12.65	4.73	0.066	4.01	11.47	0.72	0.74
#20	51.04	14.50	6.39	0.054	3.52	5.94	0.69	0.70
#21	54.11	13.25	4.59	0.062	4.08	12.90	0.74	0.75
#22	46.66	14.88	5.93	0.022	3.13	0.38	0.71	0.69
#23	48.80	13.29	5.22	0.035	3.67	7.46	0.71	0.72
#24	52.91	14.15	5.62	0.037	3.73	8.90	0.71	0.72
#25	52.53	15.18	4.79	0.041	3.46	5.32	0.75	0.72
#26	44.05	13.67	5.16	0.039	3.00	1.53	0.72	0.70
#27	53.83	14.14	6.46	0.038	3.80	9.85	0.68	0.72
#28	49.26	13.53	6.00	0.070	3.64	7.18	0.69	0.71
#29	53.81	14.63	5.40	0.061	3.67	8.31	0.72	0.72
#30	44.93	14.63	4.51	0.047	3.07	5.65	0.73	0.72
#31	50.48	14.46	6.29	0.025	3.49	5.50	0.69	0.70
#32	41.46	11.53	6.35	0.049	3.59	5.60	0.64	0.69
#33	55.18	14.58	6.84	0.025	3.78	9.83	0.67	0.72
#34	48.10	15.33	5.31	0.037	3.13	0.42	0.74	0.69
#35	51.64	14.58	4.81	0.025	3.54	6.29	0.75	0.72
#36	42.53	14.95	5.78	0.038	2.84	2.25	0.69	0.69
#37	52.94	12.18	5.10	0.069	4.34	15.06	0.70	0.75
#38	42.44	12.38	4.64	0.065	3.42	3.93	0.72	0.71
#39	49.21	13.83	5.86	0.056	3.55	6.19	0.70	0.71
#40	39.22	13.20	6.80	0.033	2.97	2.52	0.63	0.67
#41	51.07	15.12	6.23	0.041	3.37	4.04	0.70	0.70
#42	43.82	13.72	6.64	0.024	3.19	1.15	0.67	0.68
#43	47.59	11.67	6.20	0.022	4.07	11.29	0.65	0.72
#44	44.86	14.67	6.44	0.064	3.05	2.34	0.67	0.69
#45	53.36	15.34	6.68	0.051	3.47	5.65	0.69	0.70
#46	45.01	11.30	5.41	0.065	3.98	9.86	0.67	0.72

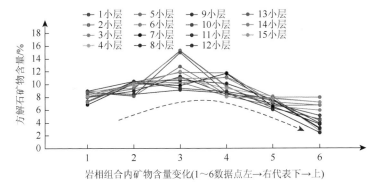

图 3-12　FA3-FA2^1-FA1^1 页岩碳酸盐矿物含量纵向变化统计

2. 龙一段下、中部 FA3-FA2^2-FA1^2 矿物组分演化规律

龙一段下、中部岩相叠置多表现为 FA3-FA2^2-FA1^2，矿物增减趋势明显：单一序列中，硅质（主要为石英）矿物由 40%～50%向 50%～60%转变（图 3-13），黏土矿物含量由 20%～40%向低于 20%转变。单偏光显微镜下硅质矿物形态主次顺序依次包括颗粒状和硅化生物残骸状，未见次生加大状石英颗粒：颗粒状石英次棱角状-次圆状，密集排列，粒径分布集中，为 10～50μm；残骸状硅质矿物多发育在序列中、上部，残骸大小约 10～500μm。元素组分研究表明（表 3-5），Si/Al 为 3.16～4.63、SiO$_2$－[(Si/Al)$_{经验}$×Al]过量硅为 0.82～19.00、Al/(Fe + Al + Mn)为 0.54～0.73、Si/(Si + Al + Fe)为 0.67～0.74，同样呈现出陆源供应相生物成因转化的特征。碳酸盐矿物先增后减的变化趋势明显，由序列底部 10%±5%增至中部 10%～25%，再骤降至顶部 10%以下（图 3-14）；单偏光显微镜下碳酸盐矿物以泥晶方解石为主，以零星分布和胶结充填两种形式发育，粒径多为 10～50μm，白云石相对较少。碳酸盐矿物的变化也反映出沉积环境水体小幅动荡已开始为碳酸盐岩沉积提供条件。

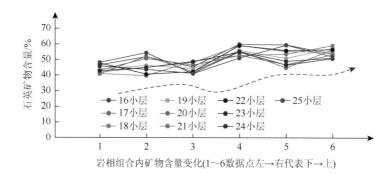

图 3-13　FA3-FA2^2-FA1^2 页岩石英含量纵向变化统计

表 3-5　FA3-FA2^2-FA1^2 页岩主量元素[包括 Si/Al、Al/(Fe + Al + Mn)、Si/(Si + Al + Fe)]

样品号	元素含量				解析方法			
	Si	Al	Fe	Mn	Si/Al	过量硅	Al/(Fe + Al + Mn)	Si/(Si + Al + Fe)
#47	48.12	13.76	4.78	0.060	3.49	5.32	0.73	0.72
#48	57.66	12.43	9.97	0.044	4.63	19.00	0.55	0.72
#49	47.01	13.13	7.98	0.061	3.58	6.17	0.62	0.69
#50	51.06	13.09	7.69	0.034	3.90	10.35	0.62	0.71
#51	45.22	11.32	7.05	0.022	3.99	10.01	0.61	0.71
#52	56.48	12.88	6.35	0.036	4.38	16.42	0.66	0.74
#53	45.05	13.02	8.91	0.067	3.46	4.55	0.59	0.67
#54	54.84	13.36	6.10	0.048	4.10	13.29	0.68	0.73
#55	45.31	13.77	6.72	0.053	3.29	2.48	0.67	0.68
#56	52.30	11.74	7.45	0.052	4.45	15.78	0.61	0.73

样品号	元素含量				解析方法			
	Si	Al	Fe	Mn	Si/Al	过量硅	Al/(Fe + Al + Mn)	Si/(Si + Al + Fe)
#57	43.49	13.31	5.00	0.065	3.26	2.09	0.72	0.70
#58	55.21	12.16	4.63	0.063	4.54	17.39	0.72	0.76
#59	43.85	11.02	5.47	0.044	3.97	9.57	0.66	0.72
#60	57.17	12.37	8.31	0.027	4.62	18.69	0.59	0.73
#61	45.72	11.89	8.57	0.041	3.84	8.74	0.57	0.69
#62	50.89	11.70	5.30	0.046	4.34	14.50	0.68	0.74
#63	43.90	13.85	4.94	0.037	3.16	0.82	0.73	0.70
#64	51.87	13.80	8.84	0.041	3.75	8.95	0.60	0.69
#65	48.09	11.82	9.68	0.022	4.06	11.32	0.54	0.69
#66	54.17	11.94	9.34	0.041	4.53	17.03	0.56	0.71

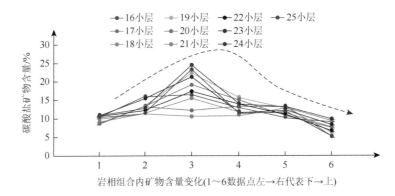

图 3-14　FA3-FA2^2-FA1^2 页岩碳酸盐矿物含量纵向变化统计

3. 龙一段上部（FA3-）FA2^2-FA1^2 矿物组分演化规律

龙一段上部（FA3-）FA2^2-FA1^2 矿物比例已明显不同于前述不同岩相组合的沉积序列，且 FA3 通常是缺失的：硅质矿物即由 30%~40% 向 40%~50% 转变（图 3-15）；碳酸盐矿物含量与 FA3-FA2^2-FA1^2 序列相似，但幅度较小，由 10%±5% 向 10%~20% 再向 10%±5% 转变；黏土矿物含量由 30%~50% 向 20%~40% 转变。形态上，颗粒状石英占主要地位，偶见生物残骸状，未见次生加大状石英颗粒。总体上，硅质矿物颗粒粒径具有韵律变化，为 10~200μm。元素组分研究表明（表 3-6），Si/Al 为 3.12~4.33，SiO$_2$－[(Si/Al)$_{经验}$×Al]过量硅为 0.16~13.84，Al/(Fe + Al + Mn) 为 0.55~0.74，Si/(Si + Al + Fe) 为 0.64~0.72，表明生物成因硅质矿物已不具优势地位，碎屑注入成为硅质矿物的主要来源方式。碳酸盐矿物含量变化则仅表现为逐渐减少的趋势，由 10%~25% 向 10%±5% 变化，从含量上已表明序列沉积期海平面较前述阶段均有所下降，有利于碳酸盐矿物的近高能环境搬运（图 3-16）。

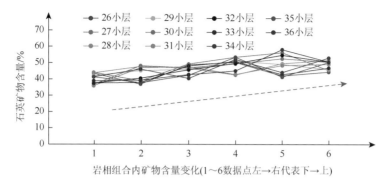

图 3-15　（FA3-）FA2^2-FA1^{2}页岩硅质矿物含量纵向变化统计

表 3-6　（FA3-）FA2^2-FA1^{2}页岩主量元素[Si/Al、Al/(Fe + Al + Mn)、Si/(Si + Al + Fe)]

样品号	元素含量				解析方法			
	Si	Al	Fe	Mn	Si/Al	过量硅	Al/(Fe + Al + Mn)	Si/(Si + Al + Fe)
67#	43.25	13.43	9.04	0.049	3.22	1.48	0.59	0.65
68#	52.45	12.97	7.72	0.071	4.04	12.11	0.62	0.71
69#	46.43	13.34	5.69	0.044	3.48	4.94	0.69	0.70
70#	49.29	13.94	8.55	0.045	3.53	5.93	0.61	0.68
71#	44.15	13.15	5.71	0.047	3.35	3.25	0.69	0.70
72#	47.21	13.26	5.30	0.029	3.56	5.97	0.71	0.71
73#	41.31	11.54	6.22	0.045	3.57	5.42	0.64	0.69
74#	47.25	12.73	9.29	0.040	3.71	7.65	0.57	0.68
75#	42.75	12.37	4.59	0.041	3.45	4.27	0.72	0.71
76#	48.93	11.28	7.95	0.062	4.33	13.84	0.58	0.71
77#	40.31	11.85	9.92	0.038	3.40	3.45	0.54	0.64
78#	50.55	12.43	9.38	0.064	4.06	11.89	0.56	0.69
79#	41.22	11.46	9.06	0.044	3.59	5.57	0.55	0.66
80#	50.60	12.12	8.45	0.037	4.17	12.90	0.58	0.71
81#	44.59	11.93	4.97	0.033	3.73	7.48	0.70	0.72
82#	51.02	13.49	6.60	0.058	3.78	9.06	0.66	0.71
83#	40.56	12.99	8.84	0.036	3.12	0.16	0.59	0.65
84#	48.64	13.86	7.77	0.044	3.50	5.53	0.63	0.69
85#	38.15	10.67	6.27	0.029	3.57	4.96	0.62	0.69
86#	46.97	13.45	4.52	0.047	3.49	5.14	0.74	0.72
87#	41.77	12.54	4.64	0.070	3.33	2.77	0.72	0.70
88#	49.56	11.80	6.84	0.033	4.20	12.86	0.63	0.72

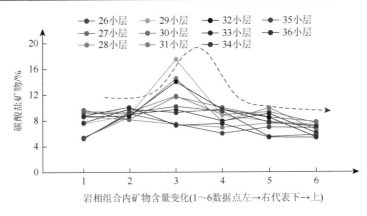

图 3-16　　（FA3-）FA2^2-FA1^2 页岩碳酸盐矿物含量纵向变化统计

4. 矿物组分演化的沉积与成岩响应

总体而言，龙一段脆性矿物变化受海平面升降控制更明显，海平面小幅度升降影响了矿物的来源和比例，使得不同序列的矿物呈韵律变化。生物成因硅质矿物较少的发育，也成为次生加大状石英较少或不发育的主要因素，因此，矿物粒径总体偏小且分选较好。总体上，石英比率较五峰组小，碳酸盐矿物较多，脆性矿物总含量并未有减少，理论可压裂性并未有所变化，整体表现出正常远洋悬浮颗粒沉积的特征。所以，龙一段下部 FA3-FA2^1-FA1^1 矿物指向五峰组沉积环境的继承，但缺氧程度低于五峰组，强缺氧与弱缺氧水体的切换更加明显。小幅海退或水体循环度增加时，硅质与碳酸盐矿物更多来源于高能环境沉积的搬运；海侵或水体循环性较差时，硅质矿物主要来源于生物成因，碳酸盐矿物因水体处于 CCD 界面之下或缺氧、还原环境中而发育较少，成岩期次生加大作用、黏土转化同样有利于对脆性的贡献。

3.5　孔隙与有机质演化

孔隙、有机质发育特征及孔隙度、TOC 通常用于储层储集性评价（曾庆才等，2018），却尚未将其作为缝网形成的地质影响因素。岩石力学研究认为，以理论骨架岩石（即致密无孔隙）为参考系，孔隙度越大的岩石其抗压、抗张强度越低；储层沉积学研究认为，页岩中生物成因硅质页岩的增加往往会降低储层孔隙度，伊蒙转化作用却侧面证实了黏土矿物与孔隙发育具有正向关联。因此，在优势储集性页岩区内孔隙度适度偏小的储层可能才是优势缝网压裂区。另一方面，有机质的大量发育同样反映了大量发育的原生矿物间孔的贡献，塑性有机质的增加也将降低页岩缝网压裂效果，因此，较高的有机质含量并不能保证优势压裂效果，优质储集性与优势可压裂性并非完全耦合。探讨孔隙、有机质演化特征对页岩气储层缝网形成评价与表征具有重要意义。

已有研究表明，热演化分解页岩内有机质可实现 4.3% 的孔隙度增量（Jarvie et al.,

2007）。孔隙与有机质特征的演化是相互影响的，且演化规律异于矿物组分。理论上，在相同埋深下，随着有机质成熟度的增大，有机质孔隙越为发育，但 TOC 存在临界值，超过临界值后孔隙度不仅出现增幅降低，还会导致孔隙度的降低（王飞宇等，2013；何建华等，2015），作为塑性成分的有机质增加会导致岩石塑性的增加（图 3-17），使得孔隙不易保存。而储层埋深增大时，孔隙度会因为上覆岩石压实导致孔隙度降低，有助于有机质孔的发育，因此，孔隙度的大小是埋深与有机质演化的综合反映。

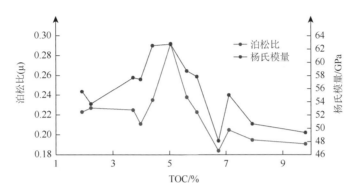

图 3-17　TOC 与力学性质关系［据何建华等，2015，有修改］

3.5.1　五峰组孔隙与有机质演化规律

1. 五峰组下部 FA1^1 孔隙与有机质演化规律

孔隙度与 TOC 变化幅度均不明显，同一序列自下而上呈略微增大的特征。其中，孔隙度表现为从 5%～8%向 6%～9%变化（图 3-18）。显微镜下识别序列内孔隙粒径具有微米级至纳米级的变化，但孔隙类型并未发生明显变化：储层以有机质孔为主，有机质大小为微米级，多为不规则状，实则以充填原始矿物粒间孔为特征，内部呈管状并具连通特征，

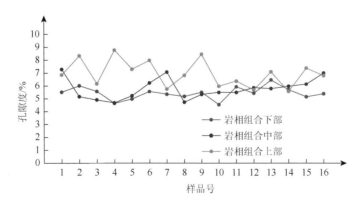

图 3-18　五峰组岩样孔隙度纵向变化

孔径约 50～100nm；次为无机矿物粒间孔，可识别未被有机质充填或有机质在热演化过程消耗殆尽的特征，孔径约 1～10μm，五峰组矿物粒间孔多为黏土矿物在成岩期脱水转化形成，并为黄铁矿充填提供条件。由于火山活动等事件性作用，方解石、白云石和长石等不稳定矿物通常发生交代，溶蚀孔隙未发育。综合来看，该岩相组合序列内，受沉积矿物与成岩作用影响，储集空间特征表现为孔径小、发育密集，孔隙度大、变化幅度小的特征。TOC 较为集中，5%～6.5%，这与该岩相组合序列内有机质较为均匀分布有关。

2. 五峰组中、上部 FA2^1-FA1^1 孔隙与有机质演化规律

相比五峰组下部，五峰组中、上部 FA2^1-FA1^1 孔隙与有机质变化趋势相对明显。同一序列内孔隙度呈 4.5%～6%向 6%～9%转变特征（图 3-18，样品 4、7、10、14）。微观鉴定序列内孔隙粒径由以微米级、纳米级为主向纳米级为主转变，序列底部有机质孔、矿物粒间孔等大量发育，向上有机质孔更为发育，其他孔隙类型逐渐减少。分析认为，这与伊蒙转化后有机质充填程度、有机质转化消耗等关系密切：序列下部伊蒙转化程度高，无机孔发育，成岩期热演化有机质易耗尽，或被黄铁矿充填，导致孔隙孔径较大，序列往上随着伊蒙转化、生物成因石英的增多，大量无机孔被有机质充填，随着有机质一定程度的消耗形成密集的有机质孔，所以，TOC 垂向上也具有由 4%～4.5%向 4.5%～5%增大的转变。

3.5.2　龙一段孔隙与有机质演化规律

1. 龙一段下部 FA3-FA2^1-FA1^1 孔隙与有机质演化规律

相比五峰组，龙一段下部 FA3-FA2^1-FA1^1 孔隙与有机质发育规模、孔隙度与 TOC 变化明显。序列自下部 FA3-FA2^1 孔隙度的 4%～5%，向上至 FA1^1 逐渐增大至 4%～6%（图 3-19）。显微镜下鉴定发现，有机质孔发育规模、有机质大小均小于五峰组，矿物粒间孔等无机孔

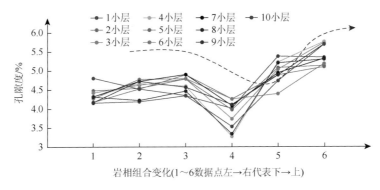

图 3-19　龙马溪组 FA3-FA2^1-FA1^1 岩样孔隙度纵向变化

发育规模明显加强，序列向上有机质孔孔径变化较弱。因此，垂向上 TOC 增大主要受到自有机质孔发育规模扩张的影响。分析认为，该类岩相组合序列可能自伊蒙转化后无机孔大量发育，但部分并未被有机质充填，导致成岩期受地层压力压缩减小孔隙度，使其孔隙与有机质发育相对较差。

2. 龙一段下、中部 FA3-FA2^1-FA1^2 孔隙与有机质演化规律

龙一段下、中部 FA3-FA2^1-FA1^2 孔隙与有机质变化较为杂乱，且孔隙度发育尺度比 FA3-FA2^1-FA1^1 小，但趋势仍较明显。序列下部 FA3 发育区孔隙度适中，2%～5%，向上至 FA2^2 孔隙度降低，2%～4%，上部孔隙度 FA1^2 最发育，约 3%～6%（图 3-20）。镜下可见有机质孔、无机孔大量发育，顶部黄铁矿物间孔较多。垂向上孔隙度呈先降低后增大的特征，微观孔径变化较小。TOC 变化与孔隙度相似，自下而上由 0.5%～2%向 0.5%～1%再向 1.5%～4%转变。由此可见，该岩相组合序列在成岩期受碱性孔隙水影响较大，有机质保存较差，易被耗尽，同时孔隙发育相对较差，与矿物颗粒粒径小相对应，表明黏土转化石英较少。

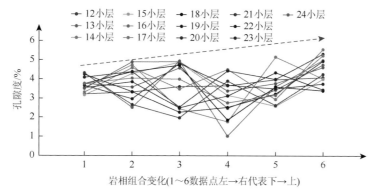

图 3-20　龙马溪组 FA3-FA2^1-FA1^2 岩样孔隙度纵向变化

样品中包含 FA3-FA2^2-FA1^2 和 FA2^2-FA1^2 两种情况

3. 龙一段上部（FA3-）FA2^2-FA1^2 孔隙与有机质演化规律

该岩相组合序列孔隙在龙一段较发育（图 3-21）：孔隙度自下而上由 3%～5%过渡至 4%～6%，纵向上增减特征不明显；有机质孔较为发育，序列中部见矿物间孔，顶部则以黄铁矿物间孔为主。TOC 变化较明显，自下而上逐渐增大（0%～1%增至 0.5%～2%）。由于 FA3 发育较少或缺失，序列底部并未具有与 FA3-FA2^2-FA1^2 相似的演化特征。由于陆源成因石英逐渐成为主导矿物，有机质发育较受限，黏土转化石英较少，对孔隙的贡献多来自矿物间孔；有机质间歇大量发育规律也与水体适宜生物堆积与具水动力影响等因素之间相互转换有关。不同于龙一段下部演化规律，推测与 FA3 的缺失有关。

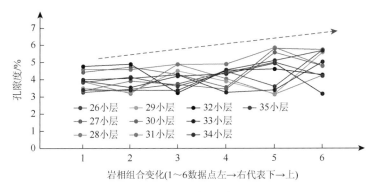

图 3-21　龙马溪组（FA3-）FA2^2-FA1^{2}岩样孔隙度纵向变化

3.6　天然裂缝演化

天然裂缝的发育对页岩气储层缝网压裂具有双刃剑的作用，其具有的储集性、充填性、可压裂性、发育规模等特点之间并非完全的正相关关系，这就使得天然裂缝发育特征对储层综合评价具有多解性。另一方面，由于未受到矿场施工影响，加之脱离了地下应力与压力的作用，岩石的弱理面发生破裂概率更大，故微裂缝的野外识别更为可靠。因此，基于野外露头和岩心的天然裂缝各项发育特征需准确认识才能实现精确的综合评价。

3.6.1　五峰组天然裂缝演化规律

五峰组页岩天然裂缝总体呈缝网模式发育，垂向变化不大，大量层理缝、构造缝、异常高压缝、矿物收缩缝发育其中。由于古环境具有的缺氧条件，微观层理极为发育，矿物分布不均匀点（区）受力不均形成大量层理缝，电镜观察表现为矿物间贴粒发育等特征，显微镜下可见层理缝错断纹层，宏观层理缝多由方解石充填，缝宽为 1～3mm，平均2.2mm，裂缝密度多集中在 0.4～0.6 条/mm，平均 0.52 条/mm。在页岩纵横向的非均质性影响下，构造缝以剪裂缝为主，以高角度和垂直发育为特征。此外，伊蒙转化脱水、有机质生烃造成岩石尺度减小形成超压，岩石发生破裂，显微镜下裂缝面锯齿状明显，且分叉明显。总体而言，不同（微）裂缝交织发育，岩石的先天改造性强。五峰组总体上天然裂缝呈缝网发育，且充填度较高（图 3-22）。

可以看出，沉积期矿物组分不均匀分布导致成岩期成岩作用对页岩改造的差异，五峰组整段裂缝大量发育。由于矿物差异、黏土转化、重结晶、次生加大等改变颗粒形态，是天然裂缝发育的主要成岩因素，同时也为构造运动时构造缝的形成提供了条件。

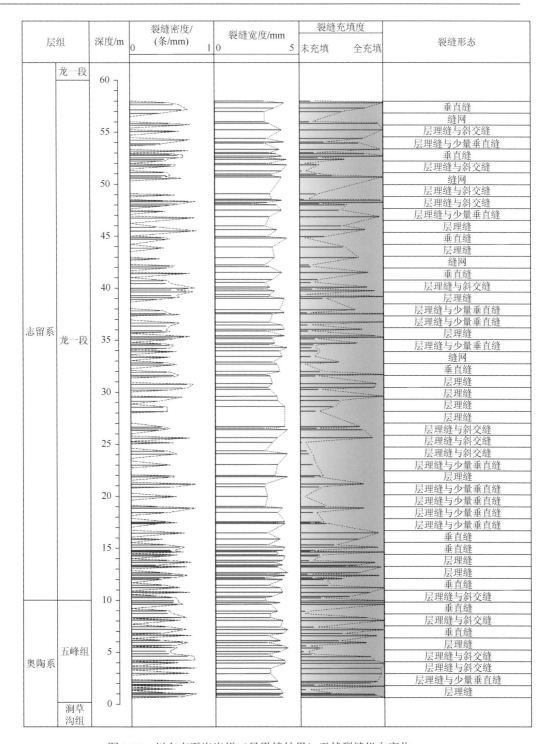

图 3-22　川东南页岩岩样（显微镜结果）天然裂缝纵向变化

3.6.2 龙一段¹天然裂缝演化规律

龙一段¹页岩间歇性韵律发育。龙一段¹下部的各类岩相组合序列下部继承了五峰组裂缝发育的特征，呈缝网大量发育，裂缝充填度高，且以方解石全充填为主；序列中部以层理缝、低角度缝为主，多未穿层；序列上部裂缝发育较少，微裂缝以 Z 形发育为主，宏观缝以垂直缝、高角度缝为主，未充填。位于龙一段¹中、上部的各类岩相组合序列裂缝总体发育程度不高，FA3 发育程度高的序列底部多发育层理缝和少量构造裂缝，向上至 FA2 发育层则以微层理缝为主，宏观裂缝较少，未充填，直至 FA1 裂缝已很少见。相对而言，微裂缝宽度、密度相比五峰组均较小，分别为 0.1~0.2mm 和 0.2~0.5 条/mm，平均约 0.12mm 和 0.35 条/mm（表3-7，表3-8）。总体来说，龙一段¹FA2 发育层具有最大的方解石胶结充填程度，而 FA3 尽管具有更高的裂缝发育程度，但充填度反而较低，这与成岩期碱性孔隙水倾向于顺层流动有关。

表 3-7　JY1 井五峰组至龙一段¹取心井段裂缝统计

取心段/m		段长/m	裂缝条数/条			裂缝密度/(条/m)	缝宽/mm	缝长/mm	充填形式
			斜交	垂直	水平				
2368.2	2377.7	9.5	0	0	0	0	0	0	
2377.7	2382.3	4.6	0	4	0	0.9	1~9	60~120	未充填
2382.3	2387.2	4.9	0	0	0	0	0	0	
2387.2	2390.4	3.2	0	0	3	0.9	1~2	50~130	未充填
2390.4	2392.4	2.0	0	0	0	0	0	0	
2392.4	2396.3	3.9	0	12	0	3	0.1~2	贯穿岩心	垂直缝全充填
2396.3	2401.6	5.3	1	10	4	2.9	0.1~0.5	贯穿岩心	90°缝全充填
2401.6	2408.7	7.1	0	0	3	0.5	0.5~1	30~100	全充填
2408.7	2411	2.3	0	12	11	10	0.5~1	20~120	全充填
2411.0	2415.9	4.9	14	33	32	20	1~5	贯穿岩心	全充填

表 3-8　JY6 平台井五峰组至龙马溪组一段微裂缝统计（29 块样品）

评价指标	裂缝宽度/mm		裂缝发育密度/(条/mm)				
	>0.2	<0.2	>5	4~5	3~4	2~3	1~2
样品数/个	19	10	0.9	0.3	1.3	0.4	0.1

综合分析认为，龙一段¹底部天然缝网发育，可归因于五峰组裂缝形成成因。序列垂向上裂缝呈由发育向不发育转变的特征，可能与脆性矿物垂向上的增减密切相关。沉积作用造成的矿物非均质性是裂缝形成的主要因素，成岩期成岩作用发生的矿物转化、矿物变形使序列底部天然裂缝更为发育，有别于序列中、上部裂缝不发育的影响因素。序列上部有机质的（大量）发育也增加了塑性成分，使其不利于天然裂缝发育。由此可见，龙马溪组天然裂缝（微裂缝）间断性发育，具有明确的发育至不发育的变化趋势（图3-22）。

统计结果发现，149 块发育有天然裂缝（微裂缝）的样品中（图 3-23），未充填天然裂缝仅占 14%，完全充填天然裂缝占 63%，说明对研究区而言，裂缝充填现象普遍存在，取心井观察描述结果也得出与露头相似的结论（图 3-24，表 3-7，表 3-8）：即纵向上，裂缝具有由缝网向层理缝，由（半）充填向全充填再向半充填、未充填，由全段发育向韵律发育的特征。裂缝的发育可能同样受岩相（组合）控制，展现出不同的变化特征。总体上，高角度天然裂缝发育较少，不仅与页岩纵向非均质性明显强于横向非均质性有关，也与资料来源地区或生产井处于构造稳定区或远离断层等因素有关。

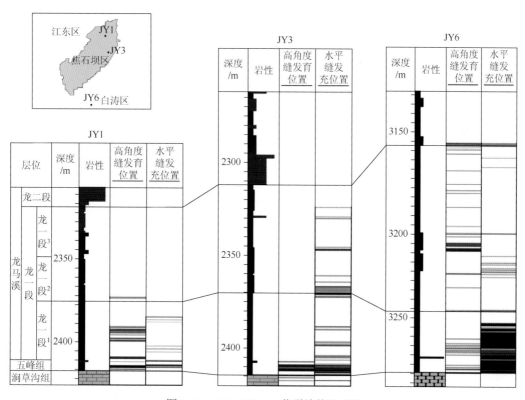

图 3-23　JY1-JY3-JY6 井裂缝统计对比

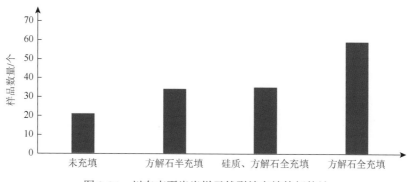

图 3-24　川东南页岩岩样天然裂缝充填特征统计

3.7　页岩层理演化

层理是影响水力裂缝缝网扩展的主要因素,已有研究尚未对海相页岩层间发育差异做精细研究,层理发育特征与多种缝网可压裂性影响因素的联系也尚不明确。本次研究对页岩层理的宏观发育、微观发育分类统计,从序列上总结演化特征(图 3-25～图 3-30)。

3.7.1　五峰组页岩层理演化特征

1. 五峰组下部 FA1^1 页岩层理演化规律

原始页岩层理由沉积作用决定。该岩相序列宏观上表现出毫米-厘米级层理发育,层间颜色区分度小,层厚 0.5～5cm(图 3-25),其中厚度大于 4cm 的占 50%;微观上由于岩石炭化程度高,不显层理特征,需通过岩样切面识别(图 3-26)。层理的发育表明层间具有差异,微观虽不能识别层理,但炭化作用增加了岩石本身的弱面度,保证了成岩、构造作用下天然裂缝的大量发育,降低了纹层本身具备的弱胶结性。

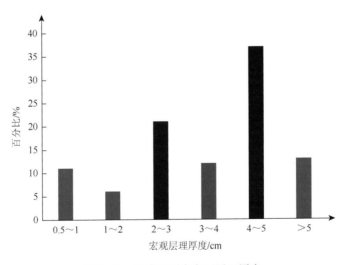

图 3-25　五峰组页岩宏观层理厚度

2. 五峰组中、上部 FA2^1-FA1^1 页岩层理演化规律

该岩相组合序列下部宏观上毫米-厘米级层理十分发育,颜色区分度小,层厚 0.5～2cm(图 3-25),层理特征明显;微观上岩石炭化程度较低或未炭化,微米级层理明显,层间矿物颗粒大小变化小。序列上部特征与五峰组下部 FA1^1 页岩层理相似,炭化程度高。垂向上该岩相组合序列由宏微观层理发育向宏观层理发育、微观层理不明显转变,故能识别 16% 小于 0.5cm 的层理(图 3-26)。

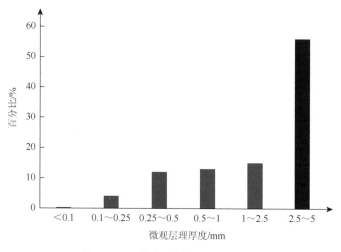

图 3-26　五峰组页岩微观层理厚度

3.7.2　龙一段 ¹ 页岩层理演化规律

龙一段 ¹ 页岩不同相组合序列，相似的层理演化受岩相组合本身控制明显。样品以 FA3、FA2 为一组（图 3-27，图 3-28），FA1 为一组（图 3-29，图 3-30）。FA3 多位于序列下部，发育规模自底部序列向顶部序列逐渐减小，宏微观层理明显，层间差异较大；FA2 位于序列中部，发育规模较稳定，宏微观层理明显，层间差异小。层理宏观厚度、微观厚度均较小，分布在 2cm 以下，0.25mm 以上。FA1 位于序列上部，宏观层理较明显，位于龙一段 ¹ 页岩下部的 FA1 微观层理因继承五峰组的炭化现象而不明显，位于龙一段 ¹ 页岩上部的 FA1 则较明显，但层间差异较大，所以从分布上看（图 3-29），0.5～5cm 厚的宏观层理分布均匀，但微观层理厚度类似五峰组，以分布在较大微观尺度上为主（图 3-30）。

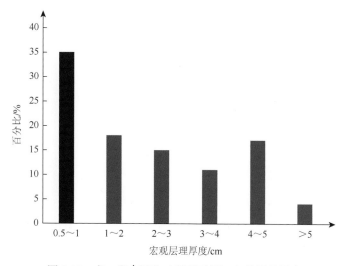

图 3-27　龙一段 ¹ 页岩（序列下部）宏观层理厚度

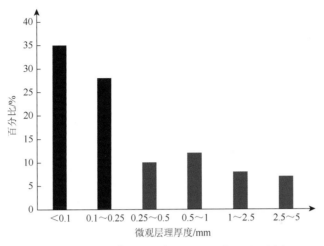

图 3-28　龙一段 [1] 页岩（序列下部）微观层理厚度

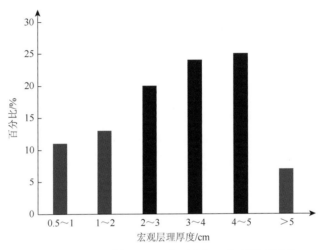

图 3-29　龙一段 [1] 组页岩（序列上部）宏观层理厚度

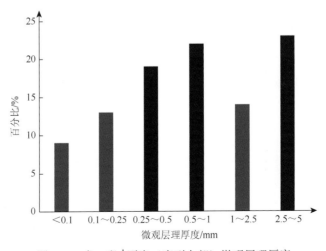

图 3-30　龙一段 [1] 页岩（序列上部）微观层理厚度

3.8　等时格架对缝网形成的影响

综合分析认为，研究层段页岩表现出较固定的岩性变化趋势，即裂缝型-互层型-生物型的纵向叠置模式（图 3-31、图 3-32）。

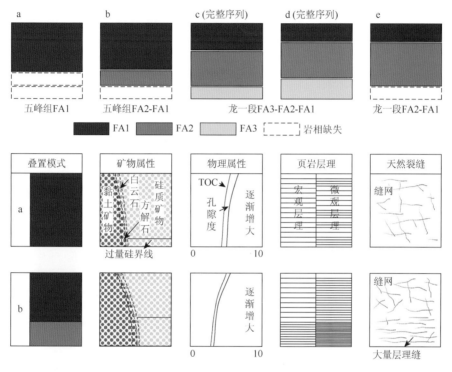

图 3-31　研究区五峰组页岩垂向序列模式及缝网形成影响因素演化规律

叠置模式在不同层位的发育并不完整，尤其是五峰组。统计三类岩相组合的发育频率可知：生物型岩相组合（FA1）占 35%，互层型岩相组合（FA2）占 51%，裂缝型岩相组合（FA3）占 14%；五峰组以 FA1 为主，占 70%，次为 FA2，占 25%，FA3 较少，占 5%；龙一段以 FA2 为主，占 55%，次为 FA1，占 30%，FA1 占 15%。储层的差异发育表明不同层位缝网形成的能力有区别。从剖面与单井取心井综合解译可知（图 3-33），单一序列内，岩相组合由 FA1 为主，向 FA3 大量发育，再向 FA2 为主逐渐过渡。因此研究引出几点问题：①不同的岩相组合为主的岩层，对缝网形成的影响作用是不同的，压裂施工需要分别考虑岩石力学性质；②对页岩产区，广域的页岩分布不能保证水平井穿行段穿行相同层位时具有一致的岩石类型（或岩相组合），这也给压裂效果和施工异常频率的影响带来了差异。因此，需要对五峰组、龙一段页岩岩相组合影响缝网形成的各项因素与岩石力学性质及其相互之间的相互作用进行研究，以实现对缝网改造综合评价的准确性。

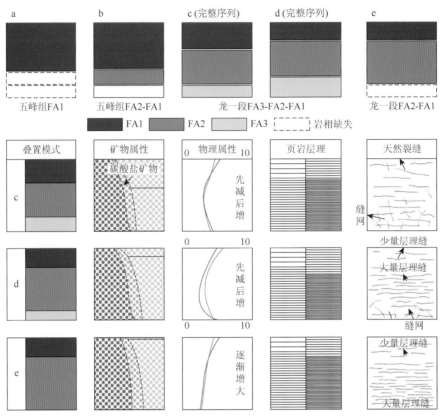

图 3-32　研究区龙一段页岩垂向序列模式及缝网形成影响因素演化规律

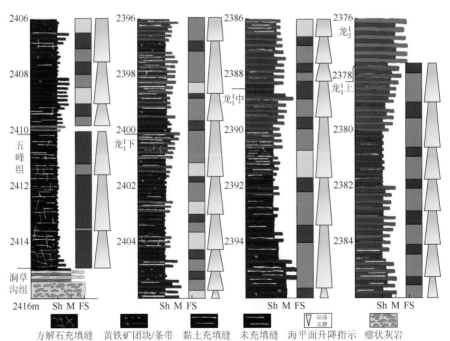

图 3-33　JY1 井主力产气层综合解译柱状图

第4章 影响缝网形成的多因素作用机理

对比页岩储层水力压裂，发育缝网的形成受到多因素的相互作用和控制。然而，现有的评价理论并未考虑页岩开发需重视的储层和力学因素之间的联系，具有优势缝网形成条件的生产井段各项有利因素之间是否给水平井分段分簇压裂方案的制定带来较大难度和不确定性，以商业产量为目标的任务难以实现。因此，多因素之间联系时影响机理等方面的研究至关重要。

4.1 岩石力学性质

4.1.1 实验方法与加载条件

为实现缝网形成机制研究过程中认清地质因素与力学条件的关系，设计应力应变三轴岩石力学测试实验。研究中测试样品来自长宁剖面和 JY1 井，样品加工为国际-国内标准样式（直径 2.5cm，长度 5.0cm 左右），并保证样品取样方向为水平大地坐标方位 *EN*-45°（图 4-1）。为尽可能反映水平井特征（2000～3500m 井深），根据生产井所处地层条件，实验主要施加 20～40MPa 测试围压。

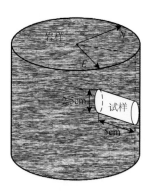

图 4-1　岩样加工后标准试样示意图

4.1.2 岩石力学对岩相的对应关系

页岩岩石力学参数可直观衡量缝网改造效果，准确得到岩石力学参数反映储层原位特征能高效评价储层缝网可压裂性。通常，岩石力学参数可通过取样进行三轴力学实验获取较为准确的结果。但因经济可行性制约，力学实验方法不适宜大量取样分析，不能解决目前对岩石力学参数的依赖性。对双河剖面部分取样样品进行三轴力学实验表明（表 4-1），三类沉积岩相组合样品相比而言，FA1 低泊松比、低弹性模量，FA2 高泊松比、高弹性模量，FA3 中泊松比、中弹性模量。不同岩相组合的岩石力学性质差异可能与沉积与成岩作用差异相关。

表 4-1　JY1 井页岩岩相矿物特征与力学性质（取样方位：水平顺层方向）

样品	岩相组合	碳酸盐/%	硅质/%	黏土/%	TOC/%	泊松比	弹性模量/GPa
S-96	FA1	6.3	46.5	40.6	2.67	0.216	34.826
S-98	FA3	11.0	47.7	42.8	3.22	0.218	35.316
S-102	FA3	7.5	46.2	43.5	3.01	0.221	35.943
S-108	FA3	6.8	53.0	37.4	3.54	0.218	35.192
S-115	FA3	7.3	53.5	38.3	3.45	0.224	36.785
S-119	FA2	7.5	51.8	37.4	3.42	0.230	38.301
S-120	FA1	9.0	40.9	47.0	3.77	0.205	32.483
S-122	FA1	11.0	45.5	40.7	3.09	0.214	34.258
S-123	FA1	23.6	39.5	29.8	4.03	0.217	34.909
S-131	FA2	10.8	46.7	39.6	2.30	0.230	38.319
S-133	FA3	10.2	51.9	35.1	3.46	0.228	37.814
S-135	FA2	10.8	51.8	34.5	3.95	0.234	39.399
S-141	FA2	9.9	60.4	26.7	5.51	0.231	38.593
S-143	FA2	30.5	49.8	19.7	2.94	0.230	38.240
S-145	FA2	34.5	40.6	24.9	2.99	0.231	38.478
S-150	FA3	8.2	60.8	28.3	4.77	0.225	37.000
S-152	FA2	8.4	61.4	27.6	4.23	0.229	38.109

4.1.3　沉积作用对页岩岩石力学性质的影响

分析认为，矿物组分和水体环境与海相页岩储层增产具有紧密联系。闭塞且稳定的低能水体环境（F6）中生物的广泛堆积生成大量自生硅质矿物［图 4-2（a）］，沉积水体隔绝性强，不具备接受陆源硅质碎屑、浅水高能台地的碳酸盐矿物的条件，沉积物以深水的悬浮泥质成分为主，形成的水平层理层间矿物差异小，生物富集及生烃能力得以保证（Jiang et al.，2017；Zhang et al.，2017；Wu et al.，2017）［图 4-2（b），图 4-3（a）］。相比之下，半闭塞且较稳定的低能水体与相邻水体弱连通性间歇式的增减，足以影响生物阶段性大量堆积和矿物成分明显变化，使不同岩性、不同含气性的岩层周期性叠置：当水体连通性较强时（F2、F4、F5），陆源碎屑和碳酸盐矿物的注入影响原有矿物组分格局和生物堆积速率；当水体连通性较差时（包括 F1、F3），与滞留深水相似，有利于生物堆积和后期生烃，但硅质矿物含量逐渐减少［图 4-2（c），图 4-3（b）］。

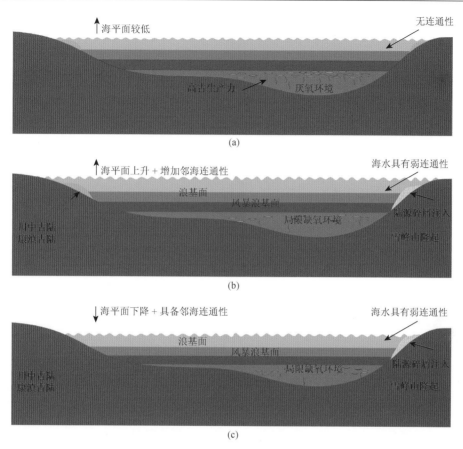

图 4-2　川东南地区五峰组-龙马溪组一段一亚段沉积演化模式（据图 3-13、图 3-14 修改）

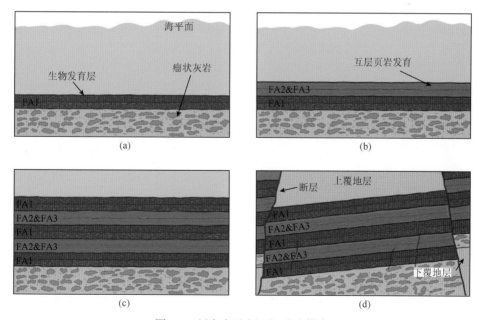

图 4-3　川东南页岩沉积-成岩模式

半闭塞水体环境下形成的页岩相组合（FA2¹、FA3）比 FA1¹ 的弹性模量更高，变化幅度更大；FA2² 和 FA1² 均属于半闭塞环境形成的页岩相组合，其特征相似。储层脆性与沉积环境具有较大关联：①FA1¹ 具有更高含量脆性矿物，但 FA2² 和 FA3 由于海平面频繁升降，高频互层岩层弥补了脆性的不足，具备更高的弹性模量；FA2² 基质内碳酸盐矿物含量比 FA1¹ 更高，说明还原环境下海源沉积物的加入易形成含钙型页岩（赵建华等，2016），脆性组分高程度混合，增大岩石杨氏模量与泊松比，且杨氏模量比泊松比增幅大；高程度混合也使得微观上存在网络发育的多维弱面，有利于形成层理缝或垂直缝、高角度缝等。②FA2¹ 和 FA1² 具有相似的成层性，但 FA2¹ 矿物脆性和弹性模量较高，分析认为，当页岩脆性矿物含量足够多，即脆性足够大时，成层性可能也是增强储层岩石力学性质的因素，同时，有机碳、黏土，甚至长英质可能是降低力学脆性的因素（付小东等，2011）。

4.1.4　成岩作用对页岩岩石力学性质的影响

在川东南褶皱区晚白垩世早期至中新世迅速沉降-缓慢隆升接受剥蚀-迅速隆升接受剥蚀的构造背景下，裂缝的开闭和充填具有不同的发育特征［图 4-3（d）］，碱性孔隙水顺断层流动（图 4-4）。以焦石坝［图 4-4（a）］和丁山［图 4-4（b）］页岩储层为例，孔隙水沿气藏周缘发育的断层侵入张开裂缝，钙质成分析出胶结裂缝壁面，形成（半）充填裂缝（魏祥峰等，2017）。裂缝封隔体系虽阻止气体逸散，但压裂时会被优先激活（Olson et al.，2012；张东晓等，2013），成为渗流通道，有效沟通储集空间。因此，具有优质储集性、水平缝为主的页岩，同时具有优质的"天然"改造能力，裂缝中充填方解石在压裂时可视为碳酸盐薄层，与基质层形成"次生"互层，增加成层性，特征上与湖相页岩中的灰岩条带存在共性，即方解石抗张强度低于基岩，页岩储层裂缝高胶结充填程度使得基质与方解石之间产生抗拉强度差，压裂时压裂缝优先激活充填天然裂缝，沿其破裂线性延伸、转向，岩石力学性质更有利于水力压裂。

所以焦石坝地区深埋区页岩生产井碳酸盐较高的原因也与成岩成藏作用有关（图 4-5）。研究区储层成岩过程受沿断层下渗的孔隙水影响，孔隙水渗入裂缝随之发生胶结充填。例如焦石坝"箱状构造"背景下，孔隙水流动倾向于裂缝发育的"箱体"周缘和储层顶底处（腾格尔等，2017）。因此，成岩期孔隙水对储层纵向上的改造程度明显不同（图 4-6）：①FA1¹ 自生石英的生成伴随伊利石化和生物蛋白石重结晶作用，打破储层原始弱成层性，加之裂缝群发育，下伏涧草沟组瘤状灰岩阻碍孔隙水下渗，裂缝被方解石充填程度高［图 4-6（c）］。②孔隙水下渗过程会优先影响裂缝规模小于 FA1¹ 的 FA2² 和 FA3，（半）充填现象发生［图 4-6（b）］。③FA2¹ 和 FA1² 处于优质储层上部，裂缝发育程度明显低于上

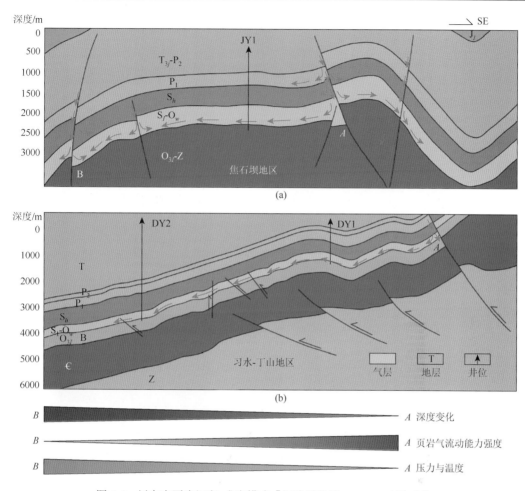

图 4-4　川东南页岩沉积-成岩模式［据魏祥峰等，2017，有修改］

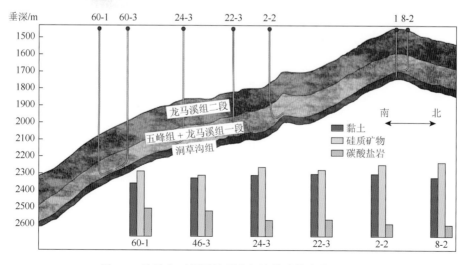

图 4-5　涪陵焦石坝区块页岩气连井矿物成分对比图

覆岩层和下伏储层，孔隙水难以运移，裂缝以未充填缝为主［图 4-6（a）］。④受构造格局影响，孔隙水顺层流动明显，深埋区裂缝充填度和纵向发育程度均高于浅埋层。胶结充填的方解石和基质层形成的"次生"互层，能够形成高导流能力裂缝，同时高布氏硬度也使得水力裂缝导流持续性强（Cash et al.，2016）。

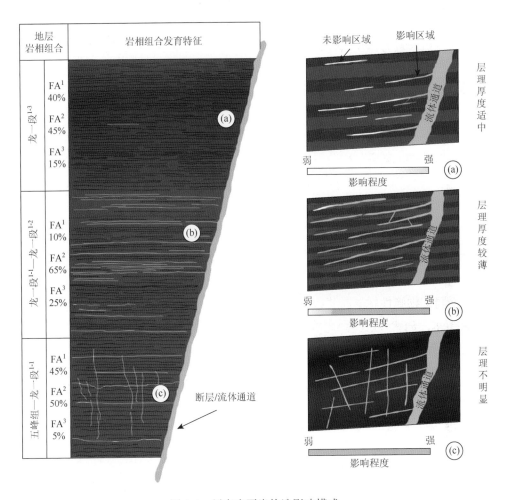

图 4-6　川东南页岩构造影响模式

　　然而，并非充填裂缝对缝网形成起到绝对性的积极作用。FA1[1] 具有比 FA2[2] 和 FA3 更具规模的充填缝，弹性模量却明显较低，反映出 FA1[1] 密集裂缝群可能不利于水力裂缝延伸，易引起压裂液滤失过大过快而改造近井地带，不能实现体积改造达到稳产。

　　川东南地区页岩泊松比、弹性模量受岩相组合明显，是多因素等时影响的结果，各因素之间可能并非呈完全相互促进的关系，且影响因素也可能并非完全线性影响储层缝网改造效果。

4.2　多因素影响机理及其联系

不同因素通过不同方式对页岩气储层缝网的形成造成影响。本次进行大量研究，总结沉积与成岩作用引起的各种因素的变化，提取其中对缝网可压裂性评价有关的因素，即矿物组分、形态，天然裂缝产状、形态，孔隙与有机质特征与量化，以及岩石层理发育等方面，对其影响机理进行分析与对比。

4.2.1　脆性矿物总含量与岩石力学参数

随着研究的深入，石英、正长石、斜长石、方解石、白云石、黄铁矿等多类矿物组分已被视作脆性矿物，如式（4-1），对页岩缝网压裂起到积极作用。

$$B_1 = \sum_{i=1}^{k} f_i \qquad (4\text{-}1)$$

式中，B_1——矿物脆性指数（%）；

　　　f_i——第 i 类脆性矿物含量（%）；

　　　k——脆性矿物类型数（类）。

考虑不同矿物脆性贡献差异，以石英脆性作为参考系，建立考虑区分矿物对脆性贡献的矿物脆性 B_2，如式（4-2）。

$$B_2 = \sum_{i=1}^{k} a_i f_i \qquad (4\text{-}2)$$

式中，B_2——矿物脆性指数（%）；

　　　a_i——第 i 类脆性矿物的脆性系数，主要参数取值见表 4-2。

表 4-2　基质页岩中主要矿物脆性系数（刘致水等，2015；熊晓军等，2017）

矿物类型	石英	黏土	方解石	白云石	长石	有机质（干酪根）
脆性系数	1	0.02	0.2	0.25	0.1	0.01

然而，B_2 仅能做到对砂岩、砂质泥岩和泥岩的准确划分，更多反映岩性的差异，对泥岩级的进一步识别反而较 B_1 差。因此，本次研究综合考虑全矿物（包括黏土矿物、有机质等非脆性矿物）贡献差异，提出全矿物均对矿物脆性做出不等量贡献，建立矿物脆性计算方法获取矿物脆性指数 B_3，如式（4-3）。

$$B_3 = \sum_{j=1}^{m} a_j f_j \qquad (4\text{-}3)$$

式中，B_3——矿物脆性指数（%）；

  f_j——第 j 类矿物含量（%）；

  a_j——第 j 类矿物脆性系数；

  m——矿物类型数（类）。

  式（4-1）~式（4-3）均表明，石英对矿物脆性起到决定性的作用，次为长石、方解石和白云石。经计算，式（4-2）、式（4-3）所得结果相差较小，但公式（4-3）更具理论意义。

  将资料计算所得矿物脆性与三轴岩石力学实验获取的参数进行比较发现，当矿物脆性增加到 55%以上时，弹性模量已无明显变化，且曲线已趋于平缓不变，弹性模量趋近在40GPa（图 4-7）。趋势表明，矿物脆性与杨氏模量具有较好的关系，但矿物脆性达到极值时，杨氏模量不再发生明显的增减变化，说明石英矿物达到一定程度后，对岩石力学性质并无明显影响；泊松比在矿物脆性达到 55%之前并无明显对应趋势，但当矿物脆性高于60%时，泊松比相对偏高且趋于稳定，集中在 0.22~0.23（图 4-8）。矿物脆性从理论上表示石英矿物对脆性的主要贡献，但当矿物脆性较大时，泊松比却相对较高，说明在石英矿物增多的情况下，有其他影响因素对岩石力学性质产生负面作用。

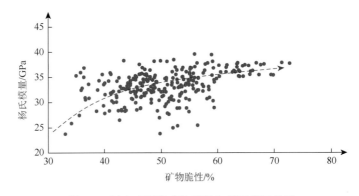

图 4-7　川东南页岩矿物脆性与杨氏模量关系

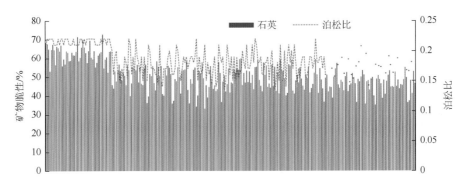

图 4-8　川东南页岩矿物脆性与泊松比关系

　　然而，碳酸盐矿物含量小于 15% 的样品，随其含量的增加，弹性模量呈较为明显的逐渐增大的趋势，主要由 30GPa 向 40GPa 变化，但因碳酸盐矿物含量大于 15% 的样品分布较少，故无法做出准确定论，仅能识别出杨氏模量主要集中在 30~35GPa，明显低于 10%~15% 碳酸盐矿物含量所对应的力学性质（图 4-9）。由碳酸盐矿物含量与泊松比关系对比图发现（图 4-10），当碳酸盐矿物含量低于 5% 时，泊松比持续偏大，分布为 0.22~0.23；对碳酸盐矿物含量大于 15% 的少量样品而言，泊松比同样相对偏大，分布为 0.17~0.21；相比之下分布 5%~15% 的样品测得泊松比偏小，但无明显变化趋势。实验表明，杨氏模量对碳酸盐矿物具有较强敏感性，碳酸盐矿物对杨氏模量、泊松比均具有不明显的先增后减趋势。理论上，碳酸盐矿物含量大于 15% 的样品已不能被视为狭义的页岩，所以在狭义页岩定义前提下，碳酸盐矿物的增加影响着杨氏模量的增大和泊松比的减小，故而仅以矿物脆性评价页岩气储层缝网的可压裂性远远不够。

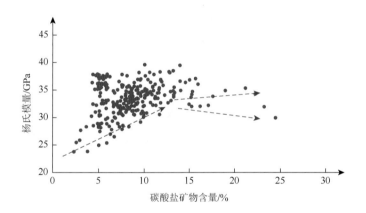

图 4-9　川东南页岩碳酸盐矿物含量与杨氏模量关系

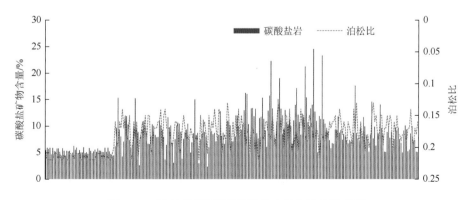

图 4-10　川东南页岩碳酸盐矿物含量与泊松比关系

4.2.2 脆性矿物颗粒与脆性矿物

页岩颗粒粒级小，变化幅度明显低于碎屑岩、高能碳酸盐岩，因而很少有关于页岩颗粒粒级变化引起岩石性质变化的研究。已有学者提出支撑颗粒弹性力学性质是影响页岩岩石物理特征的首要原因（邓继新等，2018；刘洪林等，2018）。页岩气储层缝网压裂首先发生微尺度岩石力学现象，即形成粒内、粒间缝，或优先张开微裂缝。所以，有必要研究矿物颗粒之间的力学传递特征。Hertz 弹性接触理论通常用于研究复数弹性体之间受到压力影响发生接触，产生局部应力-应变的分布规律，但需满足三点假设条件：

（1）物体间接触区仅发生较小变形。

（2）接触面呈椭圆弧形，接触弹性体变形符合连续变形条件。

（3）接触物体被视作弹性半空间，接触面上仅作用有垂直方向压力，即接触面应变与接触体应变呈线性关系，接触面中心压力最大。

川东南龙马溪组页岩岩石颗粒中尺度内变化小，分选与磨圆好，且以颗粒支撑、点-线接触为主，不同矿物均可视作椭球形弹性体，满足 Hertz 弹性接触理论假设条件。

因此，假设相接触的球型弹性体 S_1、S_2 半径分别为 R_1、R_2，以两弹性球体在公切面 O 点相互接触，如图 4-11 所示。

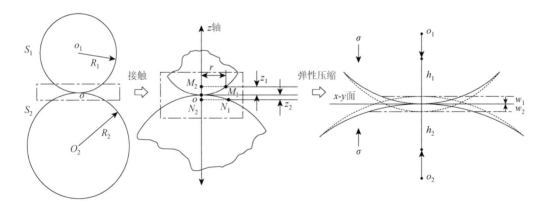

图 4-11 赫兹弹性接触理论模型

在弹性球体的子午面周缘，存在垂直距离 O 点为 z_1、z_2 的两点 M_1、N_1，垂直相交 Z 轴上的点 M_2、N_2，M_1 与 M_2、N_1 与 N_2 两点间距分别为 r_1、r_2，令 $r_1 = r_2 = r$，则

$$R_1^2 = (R_1 - z_1)^2 + r^2 \tag{4-4}$$

$$R_2^2 = (R_2 - z_2)^2 + r^2 \tag{4-5}$$

将其变换后可得 z_1、z_2 计算表达式：

$$z_1 = R_1 - \sqrt{R_1^2 - r^2} = \frac{r^2}{R_1 + \sqrt{R_1^2 - r^2}} \tag{4-6}$$

$$z_2 = R_2 - \sqrt{R_2^2 - r^2} = \frac{r^2}{R_2 + \sqrt{R_2^2 - r^2}} \tag{4-7}$$

由于矿物颗粒微观尺度下以微米级为主，粒径足够小，即 r_1、r_2 很小时，式（4-6）、式（4-7）可表示为

$$z_1 = \frac{r^2}{2R_1} \tag{4-8}$$

$$z_2 = \frac{r^2}{2R_2} \tag{4-9}$$

当接触体受力沿 O 点法向贴近时，在接触处将发生局部变形，则 M_2、N_2 两点间距 z 为

$$z = z_1 + z_2 = \frac{r^2}{2}\left(\frac{1}{R_1} + \frac{1}{R_2}\right) \tag{4-10}$$

球型弹性体 S_1、S_2 上的点 M_1 与 N_1 由于局部变形产生沿 O 点法向贴近的位移分别为 w_1、w_2，弹性体中心 O_1、O_2 贴近的距离分别为 h_1、h_2，且未发生变形，弹性体发生重合接触，则

$$h_1 + h_2 = z_1 + z_2 + w_1 + w_2 \tag{4-11}$$

点 M_1 与 M_2 贴近的总位移可表示为

$$w_1 + w_2 = h_1 + h_2 - (z_1 + z_2) = h_1 + h_2 - r^2 f(R_1, R_2) \tag{4-12}$$

$$f(R_1, R_2) = \frac{1}{2}\left(\frac{1}{R_1} + \frac{1}{R_2}\right) \tag{4-13}$$

将弹性体接触事件记为随时间变化的函数，则当弹性体接触初始 $t = 0$ 时，接触面为极小点，接触面半径 $a = 0$，则 $h_1 = w_1(0)$，$h_2 = w_2(0)$；随着受力发生局部变形产生位移至 t 时刻，接触面半径增值为 Δa，则将式（4-12）无因次化后可改进为

$$[w_1(0) - w_1(t)] + [w_2(0) - w_2(t)] = r^2 f(R_1, R_2) \tag{4-14}$$

令 t 时刻弹性体自点 M_1 与 M_2 向接触反方向均未发生弹性形变，同时令 t 时刻接触面半径增值 $\Delta a = r$，此时接触区内弹性形变为 $\Delta w_1 = w_1(0) - w_1(t)$、$\Delta w_2 = w_2(0) - w_2(t)$，则式（4-14）可改写为

$$\Delta w_1 + \Delta w_2 = \Delta a^2 f(R_1, R_2) \tag{4-15}$$

将 Δw_1、Δw_2 和 Δa 分别视为弹性体纵向与横向应变特征，其比值可表示为应变量 ε_1 和 ε_2，则式（4-15）可改写为

$$\frac{\Delta w_1}{\Delta a} + \frac{\Delta w_2}{\Delta a} = \varepsilon_1 + \varepsilon_2 = \Delta a \cdot f(R_1, R_2) \tag{4-16}$$

借由弹性模量定义"应力 σ 与应变 ε 比值"，将公式（4-16）改写为

$$\frac{\Delta \sigma}{E_1} + \frac{\Delta \sigma}{E_2} = \Delta a \cdot f(R_1, R_2) \tag{4-17}$$

记

$$f(E_1, E_2) = \frac{1}{E_1} + \frac{1}{E_2} \tag{4-18}$$

而在弹性体接触发生压缩时，受压越大，接触面半径越大，故接触面压力 ΔP 为

$$\Delta P = \sigma \pi (\Delta a)^2 \tag{4-19}$$

将式（4-19）代入式（4-17）得

$$\Delta \sigma = \sqrt[3]{\frac{\Delta p \cdot f(R_1, R_2)}{f(E_1, E_2)}} \tag{4-20}$$

记 R 为矿物颗粒平均粒径，E 为矿物颗粒平均弹性模量，σ 为矿物颗粒所受平均应力，P 为颗粒所受压缩载荷，有如下相关关系：

$$f(R_1, R_2) \propto \frac{1}{R} \tag{4-21}$$

$$f(E_1, E_2) \propto \frac{1}{E} \tag{4-22}$$

则

$$\sigma \propto \sqrt[3]{\frac{PE^2}{R^2}} \tag{4-23}$$

由式（4-23）可知，在相同载荷条件下，矿物颗粒粒径越小，矿物弹性模量越大，矿物间接触点应力越大，不仅有利于天然裂缝形成，还有利于缝网压裂时裂缝起裂。

因此，定义 $(E/R)^{2/3}$ 为矿物颗粒可压裂性评价指标，将矿物颗粒视作纯矿物组构，颗粒具有端元弹性模量值，用以评价石英、方解石、白云石、黏土岩屑等主要矿物及矿物组构颗粒相互接触的特征。给出主要矿物类型及其岩石力学性质对应关系，见表4-3。将不同岩石薄片读取的不同矿物粒径进行统计（图4-12~图4-17），进行指标计算发现（表4-4），五峰组方解石-方解石接触类型 $(E/R)^{2/3}$ 指标最高，次为石英-方解石、石英-白云石、白云石-白云石，方解石-方解石，石英-石英（因未发现方解石与白云石接触现象，故未考虑方解石-白云石接触）。

表 4-3　主要矿物与流体弹性参数

矿物类型	杨氏模量/GPa	泊松比	体积模量/GPa	剪切模量/GPa	密度
石英	94.63	0.074	37.00	44.0	2.65
方解石	84.18	0.320	76.00	32.0	2.71
白云石	76.48	0.240	65.57		2.85
黏土	24.10	0.340	22.90	10.6	2.55
有机质干酪根	6.18	0.140	2.90	2.7	1.30
盐水			2.54		0.99
气			0.18		0.26
油			1.54		0.78
长石	39.62	0.320	37.50	15.0	2.62

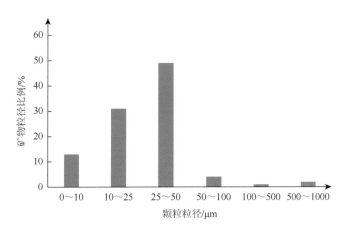

图 4-12　五峰组石英颗粒粒径分布概率图

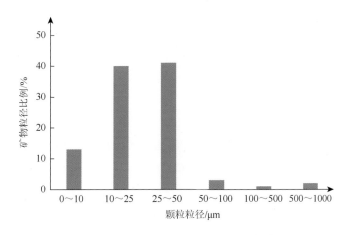

图 4-13　龙马溪组石英颗粒粒径分布概率图

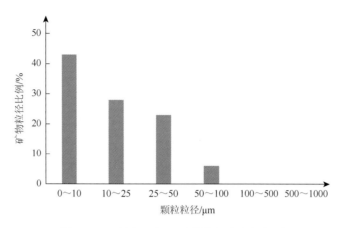

图 4-14　五峰组方解石颗粒粒径分布概率图

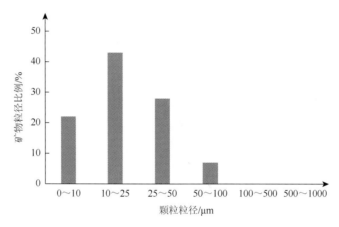

图 4-15　龙马溪组方解石颗粒粒径分布概率图

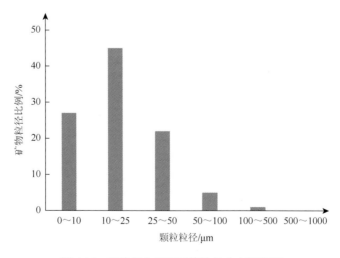

图 4-16　五峰组白云石颗粒粒径分布概率图

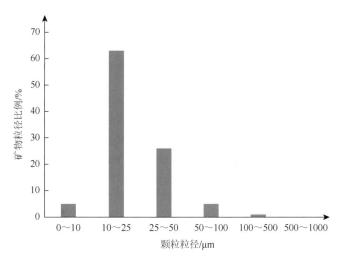

图 4-17　龙马溪组白云石颗粒粒径分布概率图

表 4-4　不同矿物间接触时矿物颗粒可压裂性指标$(E/R)^{2/3}$结果

接触类型	石英-石英	石英-方解石	石英-白云石	方解石-方解石	白云石-白云石
五峰组	2.24	2.41	2.28	2.59	2.33
龙马溪组	2.24	2.27	2.17	2.28	2.11

可见，由于矿物粒径偏大，石英-石英接触对缝网压裂的促进作用反而位于所有情况中的末位。而龙一段 [1] 中，同样为方解石-方解石接触的$(E/R)^{2/3}$指标最高，次为石英-方解石、石英-石英、石英-白云石、白云石-白云石。五峰组石英颗粒粒径因次生加大、黏土转化等成岩作用较大，而碳酸盐矿物大多呈聚集式分布，故而粒径上存在石英＜白云石＜方解石的特征，但由于碳酸盐矿物含量在五峰组分布极少，故在石英绝对性的高弹性模量条件下，石英-石英接触是五峰组最佳的缝网改造对象。在石英与方解石相近的弹性模量条件下，由于龙马溪组石英胶结加大、黏土（伊利石）转化等地质成岩过程导致石英颗粒总体偏大（图 4-18），成了高弹性模量矿物并非具有最佳缝网压裂改造效果的原因，方解石颗粒粒径明显小于石英，使其所受应力较大，故而更有利于缝网压裂。指标对生物化石碎片发育繁盛的样本进行分析，得出石英-石英接触次于方解石-白云石、石英-方解石、石英-白云石等接触，也说明富有机质的页岩岩层，可能并非具有较好缝网形成促进和改造效果。

由此可以看出，尽管生物分解过程使得海水中的矿物硅富集，并形成生物成因石英颗粒及其胶结物，有效降低机械压实作用影响，使岩石骨架保持刚性（邓继新等，2018），但颗粒的增大却未能保证纯石英具有的岩石力学性质。

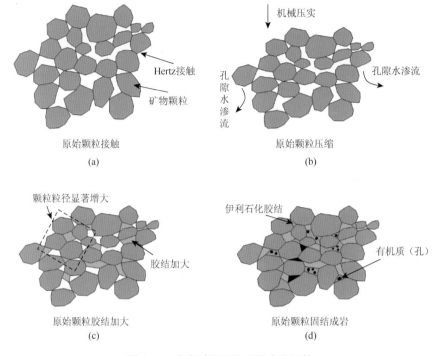

图 4-18　成岩过程矿物颗粒变化规律

4.2.3　天然裂缝与岩性

理论上天然裂缝在应力作用下，具有高弹性模量、低泊松比的岩石天然裂缝越发育。对双河剖面、JY1 井、JY6 井岩样进行裂缝统计，对比岩石力学实验发现，缝网发育处（FA3）具有高弹性模量、低泊松比的特征，且多发育在岩相组合下部（对 88 个岩相组合上、中、下取样统计发育有裂缝的样品数获取），图 4-19 与理论较为一致，但相比裂缝发育处（FA2）的泊松比略高，与理论相悖。因此，综合前述脆性矿物含量、脆性矿物颗粒对可压裂性的影响，天然裂缝发育特征可能受控于岩性，与矿物组分含量与分布的相关性更强。

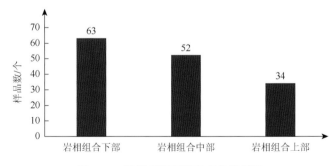

图 4-19　岩样观察裂缝发育位置统计

将裂缝识别后划分为层理缝、层间滑动缝和高角度裂缝，其中，层理缝最为发育，是缝网可压裂性评价的重要指标。相比之下，层间滑动缝、高角度裂缝发育程度远低于层理缝，具有数量级的差异。高角度缝以构造成因为主，其发育规模不具普适性。因此主要以层理缝作为主要指标进行研究。

裂缝发育数量及其宽度是评价裂缝发育质量的关键，因此，利用页理缝发育密度 F_d、页理缝发育宽度 F_w 进行裂缝描述，见式（4-24），其中，I_F 为裂缝描述综合指标（条·mm·m^{-1}）。以此对五峰组、龙马溪组产气层对应的页岩样品进行分析（图 4-19～图 4-27）。

$$I_F = F_d \times F_w \tag{4-24}$$

将五峰组页岩 I_F 分别与硅质矿物含量 f_1、碳酸盐矿物含量 f_2 和黏土矿物含量 f_3 进行对比发现，I_F 与 f_1、f_2 均具正相关关系（图 4-20，图 4-21），与 f_{clay} 具有负相关关系（图 4-22）。其中，I_F 与 f_1 的正相关性较 I_F 与 f_2 弱，这与五峰组裂缝由方解石充填度较高有关，即方解石与裂缝共生性强，而高硅质矿物含量仅可作为裂缝大量发育的前提条件。相同 B_3 矿物脆性指数条件下，方解石贡献程度较高时，天然裂缝相对更发育，缝网发育特征更明显，而石英贡献程度较高时，天然裂缝发育规模相对较小。这也说明天然裂缝发育与岩石矿物本质有关，天然裂缝发育程度虽然不能通过沉积、成岩作用直接指出，却可以通过成岩过程方解石胶结充填得以实现表征，所以天然裂缝特征与矿物脆性相同，不能直观反映岩石的力学性质。

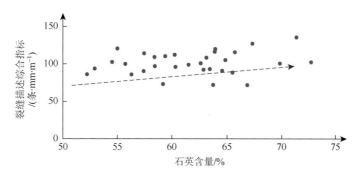

图 4-20　五峰组样品石英含量与裂缝发育程度关系

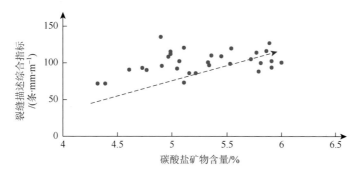

图 4-21　五峰组样品碳酸盐矿物含量与裂缝发育程度关系

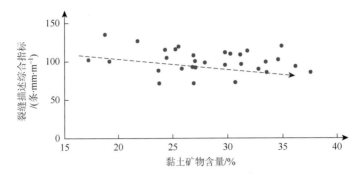

图 4-22　五峰组样品黏土矿物含量与裂缝发育程度关系

将龙一段 ^{1} 下部页岩 I_F 分别与硅质矿物含量 f_1、碳酸盐矿物含量 f_2 和黏土矿物含量 f_3 进行对比发现，I_F 与 f_1、f_2 同样具有正相关关系（图 4-23，图 4-24），I_F 与 f_1 的正相关性 较 I_F 与 f_2 弱，与 f_3 具有负相关关系（图 4-25）。相关性表现出五峰组裂缝发育的继承性， 选取龙一段 ^{1} 下部页岩天然裂缝特征上均表现出方解石充填明显的现象，也证明了方解石 含量较小的变化对天然裂缝发育程度的影响十分明显。

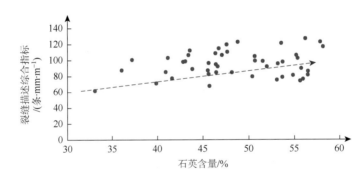

图 4-23　龙一段 ^{1} 下部页岩样品石英含量与裂缝发育程度关系

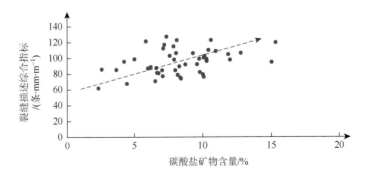

图 4-24　龙一段 ^{1} 下部页岩碳酸盐矿物含量与裂缝发育程度关系

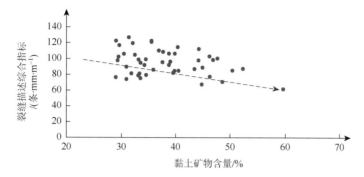

图 4-25　龙一段 [1] 下部页岩黏土矿物含量与裂缝发育程度关系

将龙一段 [1] 上部页岩 I_F 分别与硅质矿物含量 f_1、碳酸盐矿物含量 f_3 和黏土矿物含量 f_3 进行对比发现，I_F 与 f_1、f_2 具有一定正相关关系，但相关性均不明显（图 4-26，图 4-27），而与 f_3 具有不明显的负相关性（图 4-28）。分析认为，龙一段 [1] 上部页岩天然裂缝充填度较差，是导致 I_F 与 f_2 相关度低于方解石充填裂缝页岩层的因素。将 B_3 矿物脆性指数与 I_F 建立相关性分析发现，当 B_3 从 40%向 60%增大时，I_F 呈持续减缓式的增大趋势，当 B_3 大于 60%时，I_F 开始趋于降低，说明裂缝的发育受岩性控制明显。

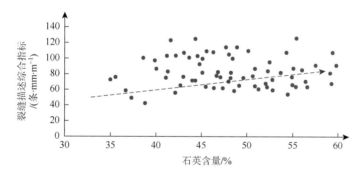

图 4-26　龙一段 [1] 上部页岩样品石英含量与裂缝发育程度关系

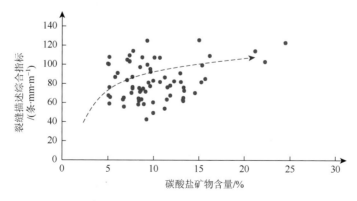

图 4-27　龙一段 [1] 上部页岩样品碳酸盐矿物含量与裂缝发育程度关系

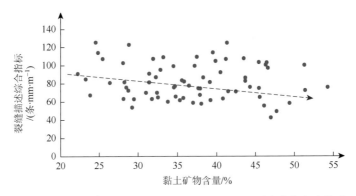

图 4-28　龙一段 ^{1} 上部页岩样品黏土矿物含量与裂缝发育程度关系

4.2.4　层理与天然裂缝

对常规碎屑岩而言，裂缝面密度发育可能性具有随单层（层理）层厚 W 增大而减小的特征。断裂力学可对预设裂纹的强度进行研究，对致密砂岩、致密白云岩和页岩等细粒沉积岩来说，平板（岩层）并非无限大，且平板（岩层）与裂纹（裂缝）几何尺寸差异很小，断裂力学通常需假定平板自由边界对裂纹尖端应力强度因子的影响（图 4-29）。

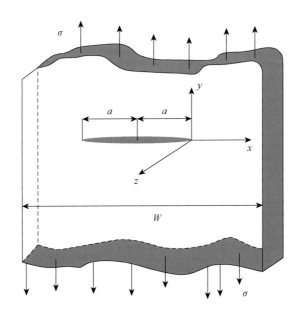

图 4-29　W 厚度的平板内置裂缝模型

将页岩视作有限宽弹性体，建立应力强度因子 K_m(m 为 I、II 和III)，则

$$\sigma_{ij} = \frac{K_m}{\sqrt{2\pi r}} f_{ij}(\theta) \tag{4-25}$$

式中，σ_{ij}——裂纹尖端应力；

　　r——裂纹尖端区，$r \ll a$，a 为裂纹半长；

　　$f_{ij}(\theta)$——角分布函数。

对具中心贯穿裂纹的有限宽平板（层厚 W），引入平板厚度系数 $f(W)$，受单向均匀拉应力作用，中心裂纹 K_I 表示为

$$K_I = \sigma \sqrt{\pi a} f(W) \tag{4-26}$$

利用 Irwin 解（1957）表示平板厚度系数为

$$f(W) = \sqrt{\frac{W}{\pi a} \tan \frac{\pi a}{W}} \tag{4-27}$$

Irwin 解当 $2a/W \leqslant 0.5$，误差小于 5%；当 $2a/W$ 较大时，需进一步修正。

利用 Isida 经验公式（1987）表示平板厚度系数为

$$f(W) = \sqrt{\sec \frac{\pi a}{W}} \tag{4-28}$$

Isida 经验公式（1987）中当 $2a/W \leqslant 0.7$，误差为 0.3%，然而页岩微观条件下微裂缝长度与微层厚比值往往大于 1.0，误差会明显增大。故随着比值增大，需通过厚度修正系数 $\Delta f(W)$ 进行参数修正，修正后 $2a/W$ 为任何值时，误差均小于 0.1%：

$$K_I = \sigma \sqrt{\pi a} f(W) \Delta f(W) \tag{4-29}$$

$$\Delta f(W) = 1 - 0.025 \left(\frac{a}{W/2} \right)^2 + 0.06 \left(\frac{a}{W/2} \right)^4 \tag{4-30}$$

Isida 经验公式指出平板长度 h 满足 $h/(W/2) \geqslant 3$ 时，板长对 K_I 影响可忽略不计。由于包括页岩在内的细粒沉积横向延展性好，即平板长度可视为无限长。此外，对双边裂纹、单边裂纹的有限宽平板，均可通过上述基础公式的计算。由式（4-25）～式（4-30）可知：

$$\sigma_{ij} \propto K_I, \quad K_I \propto f(W) \tag{4-31}$$

所以，不论是 Irwin 解还是 Isida 经验公式，厚度系数 $f(W)$ 与修正系数 $f(W) \Delta f(W)$ 均表现为随 W 增大而减小，因此，裂缝尖端应力 σ_{ij} 与层厚 W 之间理论上存在负幂指数相关关系：

$$\sigma_{ij} \propto W^{-x} \tag{4-32}$$

因此，理论上页岩层厚越小，缝尖应力越大，有利于缝网压裂和天然裂缝的形成。从统计获取的宏观层厚分布（图 4-23～图 4-28）与天然裂缝发育（图 4-20，图 4-22）相关性与理论较为符合，即薄层分布区（小于 4cm）与天然裂缝发育较为匹配：大尺度来看，龙一段自下而上层理厚度呈逐渐增大的趋势，天然裂缝发育程度则逐渐减小；而微观上因微裂缝尺度几乎趋于甚至大于层厚，相关性结果不满足"层厚大于裂缝发育尺度"的理论

条件。这同时说明了天然裂缝、水力裂缝的起裂与矿物颗粒及脆性矿物含量有关，裂缝能否发育至大尺度与页岩层理厚度相关。

4.2.5　层理与岩性

本研究通过 Photoshop 像素识别实现岩石纵向纹层发育规模，统计出五峰组至龙一段[1]单位厚度中的纹层发育数量。以各岩相组合叠置的等时格架作为一个单位，以像素作为判别岩性差异的表征，对不同像素纹层加以识别，统计出纹层数量，并将其进行单位厚度的纹层数量 $\bar{d}$ 换算，见式（4-33）。

$$\bar{d} = d / h \qquad (4-33)$$

式中，d——单一格架内纹层数量（条）；

　　　h——单一格架厚度（m）。

统计结果表明，层理发育尺度与岩性也有明显联系（图 4-30，图 4-31）。纹层数量随石英矿物含量增加呈先增后减的趋势，随碳酸盐矿物含量增加呈逐渐增加的趋势。分析认为，海相页岩沉积发育特征受多种类型矿物综合控制。当碳酸盐矿物含量极低时（五峰组），纹层发育在矿物方面以石英影响为主，厌氧环境下水体动荡的极弱特征使得纹层发育不明显（图 4-30 红色数据点）；当碳酸盐矿物含量较低时（龙一段[1]各格架上部），纹层发育仍受石英影响为主，但相比五峰组具有较大黏土矿物含量，增大了塑性，同时指向相对安静的水体环境，使得纹层发育适中；当碳酸盐矿物含量较高时（龙一段[1]各格架下部），石英的主控地位被部分取代，矿物含量的变化同时表明沉积环境的演变较为频繁，因此纹层更为发育，且纹层间的变化率更大。对海相页岩，较大的矿物含量变化与矿物颗粒变化相对应（表4-4），使得海相纹层越发育，可压裂性可能呈逐渐增加的趋势，特征上与湖相页岩特征相反，这是因为湖相页岩的纹层较发育区为有机质层（暗色层/塑性层）与非有机质层（浅色层/脆性层）（郭旭升等，2016；熊周海等，2018），削弱了纹层作为结构弱面对可压裂性的促进作用。

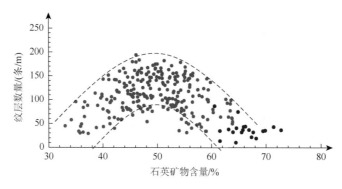

图 4-30　石英矿物含量与纹层发育规模对比图

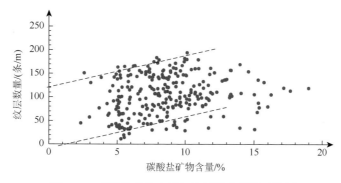

图 4-31　碳酸盐矿物含量与纹层发育规模对比图

所以,当石英为主要矿物时 ($f_1 > 60\%$),海相沉积环境的静置特征对应了纹层的弱发育程度;而石英矿物较高时 ($50\% \sim 60\%$),随着石英矿物含量的增加,同时沉积环境的静置性凸显,纹层发育逐渐减弱;当石英矿物较低时 (小于 50%),石英矿物展现出随着含量的增加,对纹层发育的逐渐促进作用。而从碳酸盐矿物角度,随着碳酸盐矿物含量的增加,沉积环境的更替对纹层发育有促进作用 (研究将 $f_2 > 20\%$ 的样品排除,仅将狭义页岩纳入实验范围)。

4.2.6　物性与岩石力学参数

对于弹性体而言,内部结构对其力学性质的影响明显,不同的材料、矿物在应力应变过程中的曲线反映不尽相同,并非完全具备所有典型应力应变特征 (弹性变形阶段、线弹性阶段、塑性变形阶段、裂纹形成阶段、应变屈服阶段)。孔隙的存在影响了岩石乃至矿物原有的纯度,在岩石内部矿物间形成了新的力学叠加。目前在医疗、建材、交通运输、航空航天等领域,均有对多孔力学行为的研究 (李伯琼等,2005),多孔材料与人体硬组织内的多孔骨特征相似,减轻了自身重量 (减少耗材),仍具备较大承载面积,起到减少并分担应力的作用。对致密弹性体,其密度为 ρ_0,相对应的多孔弹性体,其密度为 ρ_φ,则相对密度逐渐增大时,对应多孔弹性体孔隙减少或孔隙尺寸减小,多孔弹性体的抗压强度极值和弹性模量均会增大,单元壁接触产生致密化时的应变也会降低 (图 4-32)。

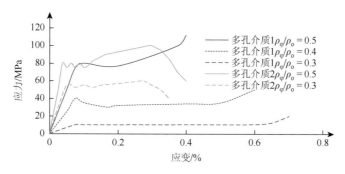

图 4-32　多孔介质应力应变理论曲线

Gibson-Ashby 模型是多孔材料学公认的经典模型理论，式（4-34）是针对脆性多孔物体的抗压强度的表达式，其中，σ_φ、σ_o 分别为多孔弹性体、致密弹性体的抗压强度：

$$\frac{\sigma_\varphi}{\sigma_o} \approx 0.2\left(\frac{\rho_\varphi}{\rho_o}\right)^{3/2} \tag{4-34}$$

参考 Wen（2002）、Hirose（2005）等对多孔金属弹性模量与密度关系研究成果（图4-33），见式（4-35），E_φ、E_o 分别为多孔弹性体、致密弹性体的弹性模量，由此可见，孔隙度、不规则孔隙发育规模的降低，孔隙连通性增加导致的孔隙形态复杂度增加，孔隙的球化，孔隙曲率半径的减小所引起的密度增大，都是最终引起弹性体强度增大的因素。

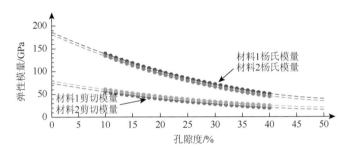

图 4-33　杨氏模量与剪切模量随孔隙度变化曲线

$$\frac{E_\varphi}{E_o} \propto \left(\frac{\rho_\varphi}{\rho_o}\right)^{x} \tag{4-35}$$

公式（4-35）不仅表明了孔隙发育程度与岩石力学参数的关系，同时也通过页岩密度-TOC之间的强负相关性证实有机质含量较高的 FA1 岩相组合具有较低的弹性模量。

另一方面，Hirose 等（2005）探讨孔隙度发育与泊松比的关系（图4-34），提出泊松比随孔隙度增大而减小的特征。因此可以得出和孔隙度与弹性模量之间相似的关系。综合来看，孔隙度变化对岩石缝网压裂的影响是多方面的，受控于对弹性模量与泊松比的程度。

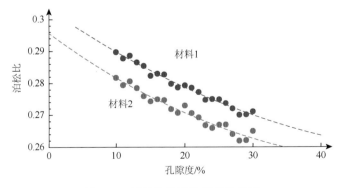

图 4-34　泊松比随孔隙度变化曲线

1. 孔隙度

Kuster-Toksöz 理论（1974）、微分等效介质理论（Berryman，1980；Norris，1985）认为，干岩石骨架模量比与孔隙度、孔隙尺寸、形态密切相关。其中，探究孔隙度对岩石力学影响中，Gassmann（1961）建立饱和流体岩石体积模量 K_{sat}、剪切模量 G_{sat}、密度 ρ_{sat} 对其纵横波 v_p、v_s 速度表达式为

$$v_p = \sqrt{\dfrac{K_{sat} + \dfrac{4}{3}G_{sat}}{\rho_{sat}}}, v_s = \sqrt{\dfrac{G_{sat}}{\rho_{sat}}} \tag{4-36}$$

并给出了低频假设下饱和流体岩石体积模量 K_{sat}、剪切模量 G_{sat} 的计算公式：

$$K_{sat} = K_{dry} + \dfrac{\left(1 - \dfrac{K_{dry}}{K_m}\right)^2}{\dfrac{\phi}{K_f} + \dfrac{1-\phi}{K_m} - \dfrac{K_{dry}}{K_m^2}}, G_{sat} = G_{dry} \tag{4-37}$$

式中，K_{dry}——干岩石骨架；

K_m——岩石基质；

K_f——孔隙流体体积模量；

G_{dry}——切变模量。

由式（4-36）和式（4-37）可以看出，在其他参数恒定条件下，K_f 相比 K_m 在数值上相差 10~40 倍，因此，当孔隙度增大时，饱和流体岩石体积模量 K_{sat} 会逐渐减小，纵波 v_p 也随之减小，即

$$\phi \propto \dfrac{1}{K_{sat}}, K_{sat} \propto v_p^2 \tag{4-38}$$

由通过纵横波计算弹性模量的岩石力学基本方程［式（4-39）］可知，随着孔隙度增大，弹性模量呈逐渐减小的趋势。由此可知，孔隙度与弹性模量理论上具有非线性负相关关系。由通过纵横波计算泊松比的基本方程［式（4-40）］可知，随着孔隙度增大，泊松比同样呈逐渐减小的趋势。可以看出，尽管随着孔隙度的增大，弹性模量与泊松比同时均呈减小趋势，但数值上弹性模量减量明显高于泊松比，总体来说，孔隙度的增大并不利于缝网压裂（图 4-35，图 4-36）。

$$E = \rho_{sat} v_s^2 \left(3 - \dfrac{1}{(v_p/v_s)^2 - 1}\right) \tag{4-39}$$

$$v = \dfrac{1}{2}\left(1 - \dfrac{1}{(v_p/v_s)^2 - 1}\right) \tag{4-40}$$

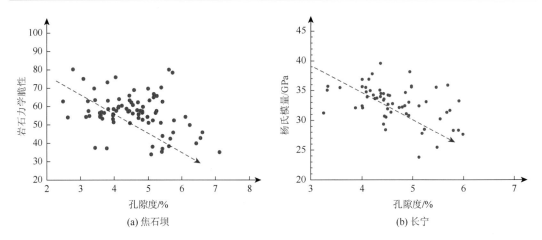

(a) 焦石坝　　　　　　　　　　　　　　(b) 长宁

图 4-35　焦石坝、长宁地区五峰组-龙马溪组页岩储集层岩样岩石力学性质与孔隙度关系图

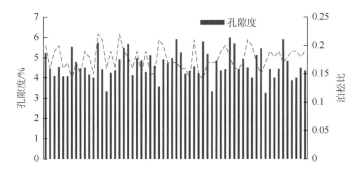

图 4-36　长宁地区五峰组-龙马溪组页岩储集层岩样泊松比与孔隙度关系图

2. 孔隙形状

另一方面，基础岩石学理论提出，岩石速度受到孔隙形状影响明显，使得孔隙度-速度关系产生发散（周巍等，2005；李宏兵等，2013）。Berryman（1980）推导涵盖等效岩石密度 ρ_e、体积模量 K_e、剪切模量 G_e 及其对应的各组分密度、体积模量、剪切模量等参数的多重介质等效关系模型 [式（4-41）]，并采用孔隙纵横比 α（孔隙短轴、长轴之比，α 从 1 向 0 变化表示孔隙从球状向椭球状、碟状和针状转变）作为研究孔隙形状对岩石力学参数的影响。

$$\begin{cases} \sum_{i=1}^{n} c_i(\rho_i - \rho_e) = 0 \\ \sum_{i=1}^{n} c_i(K_i - K_e)P_i = 0 \\ \sum_{i=1}^{n} c_i(G_i - G_e)Q_i = 0 \end{cases} \qquad (4-41)$$

式中，n——组分类型数（类）；

c_i——第 i 种组分体积与多重介质体积百分比；

P_i、Q_i——矿物形状因子，见公式（4-42）和公式（4-43）。

$$P_i = \frac{K_e + \frac{4}{3}G_i}{K_i + \frac{4}{3}G_i + \pi\alpha\beta} \qquad (4-42)$$

式中，β——关于 K_i、G_i 的系数，见公式（4-44）。

$$Q_i = \frac{1}{5}\left(1 + \frac{8G_e}{4G_i + \pi\alpha(G_e + 2\beta)} + 2\frac{K_i + \frac{2}{3}G_i + \frac{2}{3}G_e}{K_i + \frac{4}{3}G_i + \pi\alpha\beta}\right) \qquad (4-43)$$

$$\beta = G_e'\frac{3K_e' + G_e'}{3K_e' + 4G_e'} \qquad (4-44)$$

式中，K'、G'——初始等效体积模量和切变模量，由 VRH 模型获取。

假设干岩石骨架模型与孔隙有关，考虑孔隙结构，基于 DEM 的 Kuster-Toksöz 理论构建岩石骨架弹性模量表达式，见式（4-45）和式（4-46）。

$$K(\phi) = K_e(1 - \phi)^p \qquad (4-45)$$

$$G(\phi) = G_e(1 - \phi)^q \qquad (4-46)$$

式中，$K(\phi)$ 和 $G(\phi)$——考虑孔隙的干岩石体积模量和剪切模量；

p、q——与 α 有关、与 ϕ 无关的系数，见式（4-47）和式（4-48）。

$$p = \frac{1}{3}\sum_n c_i T_{iijj}(\alpha) \qquad (4-47)$$

$$q = \frac{1}{5}\sum_n c_i F_{iijj}(\alpha) \qquad (4-48)$$

式中，$T_{iijj}(\alpha)$、$F_{iijj}(\alpha)$——与孔隙纵横比相关的 Eshelly 张量。

孔隙弹性理论（Walsh，1965）中引入岩石孔隙模量 K_φ（用以反映岩石可压缩性，K_φ 越小，岩石压缩性越大）。与干岩石、矿物骨架体积模量 K_{dry}、K_o 的关系见式（4-49），其中，V_{pore} 为孔隙体积。

$$\frac{1}{K_{dry}} = \frac{1}{K_m} + \frac{\phi}{K_\varphi}, \frac{1}{K_\varphi} = \frac{1}{V_{pore}}\frac{\partial V_{pore}}{\partial\sigma} \qquad (4-49)$$

公式（4-36）可进一步获取饱和流体体积模量 K_{sat}。将式（4-47）代入式（4-49）可得到岩石孔隙模量 K_φ。由此建立孔隙纵横比 α、岩石孔隙模量 K_φ 与饱和流体体积模量 K_{sat} 的关系。随着 α 的增大，K_φ、K_{sat} 均逐渐变大，增大趋势逐渐变缓。将孔隙纵横比与式（4-46）

计算得到的纵横波速进行关联度比较发现，随着 α 的增大，波速均逐渐变大，这与孔隙向似球状变化引起岩石压缩性变小有关。将孔隙纵横比与泊松比进行对比可知，随着 α 的增大，泊松比逐渐减小，减小趋势逐渐变缓（图 4-37，图 4-38）。

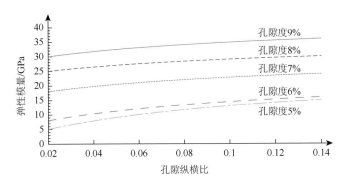

图 4-37　饱和流体岩石的体积模量与孔隙纵横比关系曲线

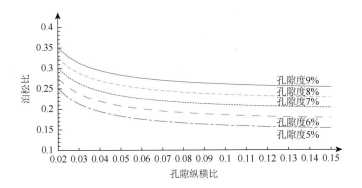

图 4-38　饱和流体岩石的泊松比与孔隙纵横比关系曲线

所以理论上，孔隙尺度变化越小，或者孔隙连通性越好而表现出的复杂度（即孔隙纵横比增大），弹性模量逐渐增大，泊松比逐渐减小，有利于页岩气储层缝网压裂。然而，连通性较好的孔隙分布区（如游离气需储存在的主要储集空间、吸附气需吸附的有机质孔壁）却具有优质的储集性和可采程度，一定程度上表明，优质储集性与优质可压裂性并非呈正相关关系。

3. 塑性组分

塑性组分主要包括黏土矿物和有机质等。从湖相页岩的研究表明，黏土矿物含量的增加与岩石力学参数、可压裂性等方面具有较强的负相关性，对页岩储层压裂主要起抑制作用。本次对海相页岩黏土矿物与岩石力学参数的研究也反映出与湖相页岩相似的特征（图 4-39）。然而对于海相页岩，由于黏土矿物成分伊蒙转化伴随着自生石英的产生，沉积成岩后的黏土矿物含量确实抑制了岩石力学性质，但漫长的地质过程中，黏土矿物却为储层脆性的增加做出了贡献，使得塑性矿物含量逐渐减小，脆性矿物含量逐渐增多，由此促进了页岩储层形成缝网的能力。

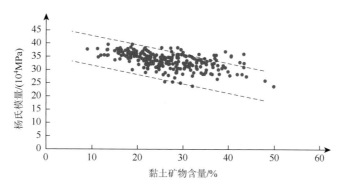

图 4-39　黏土矿物含量与杨氏模量关系图

此外，根据 Griffith 判据，裂纹扩展所消耗能量 W_0 包括弹性势能 V_ε、塑性势能 Λ 和裂纹表面能 E_s，见式（4-50）。

$$\mathrm{d}W_0 = \mathrm{d}V_\varepsilon + \mathrm{d}\Lambda + \mathrm{d}E_s \qquad (4\text{-}50)$$

对于不同材料，提出 V_ε 比 Λ 小 3 个数量级，说明在给定的应力作用下，材料的塑性越强，压裂过程至塑性区将吸收较多能量，从而影响裂缝的扩展，最终阻碍缝网形成。

有机质同样影响着页岩压裂缝网的形成。相比湖相页岩，海相页岩岩石密度与 TOC 具有更强的联系（黄仁春等，2014）。岩石密度越小，TOC 含量越高，同时也意味着岩石孔隙的增加［式（4-34）］，从而抑制缝网的形成。另一方面，有机质含量越高，岩石塑性越强，岩石力学性质被削弱（图 4-40），在压裂过程中同样会吸收更多能量，不利于缝网形成。

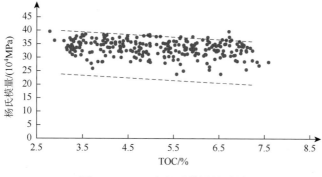

图 4-40　TOC 与杨氏模量关系图

4. 脆性组分

如前所述，脆性组分在含量、颗粒大小方面影响着页岩储层可压裂性。另一方面，脆性组分也影响着压裂时裂缝的扩展能力，由此综合影响缝网的形成。基于式（4-50），裂纹表面能是衡量裂纹扩展的标准，当压裂过程中能量达到极限，即应力条件达到裂纹失稳条件时，裂纹开始扩展。根据 Griffith 准则，裂纹失稳条件为

$$\sigma_{\text{lim}} = \sqrt{\frac{2E\gamma}{\pi a}} = \sqrt{\frac{EG_{\text{c}}}{\pi a}} \tag{4-51}$$

$$G_{\text{c}} = \frac{\partial \Lambda}{\partial A} + \frac{\partial Es}{\partial A} \tag{4-52}$$

式中，σ_{lim}——极限应力；

γ——页岩基质裂纹表面能；

A——裂纹单侧自由表面面积，为纹层厚度 W 与裂纹半长 a 的乘积。

压裂过程中，压裂缝扩展 Δx 后发生颗粒刺穿或环绕的扩展条件为：

$$\sigma_{\text{lim}}(\Delta x) = \sqrt{\frac{2E\gamma(\Delta x)}{\pi(a+\Delta x)}} = \sqrt{\frac{EG_{\text{c}}(\Delta x)}{\pi(a+\Delta x)}} \tag{4-53}$$

由于页岩矿物颗粒的裂纹表面能 $\gamma(\Delta x)$ 通常大于基质裂纹表面能 γ，故在应力施加过程中，裂缝扩展更倾向于环绕矿物颗粒而非刺穿，使得裂缝微观扩展尺度表现出弯曲状，有利于裂缝在进一步扩展时发生转向，但造成更多能量的散失，在宏观上又形成了发育缝网形态。所以，五峰组石英颗粒粒径大，裂缝扩展环绕消耗能量更大，但在加大排量等施工条件下，缝网的形态更为网络化，天然裂缝的三维发育也指向压裂缝的网络形态，因此，在排量不变的条件下，长英质含量增大形成缝网的条件越苛刻。而龙一段 [1] 各格架底部碳酸盐矿物的适中发育，维持了石英矿物对裂缝扩展的控制，网络化得以维持，格架中部碳酸盐矿物的增多使得多种矿物的混合形成了不同岩石强度的结构弱面，裂缝扩展倾向于碳酸盐矿物发育区，天然裂缝倾向层理缝为主，控制了裂纹的方向，而格架顶部生物型石英的发育具有较基质弱的岩石强度，受海相沉积控制，天然裂缝发育或裂纹扩展则以定向或单缝形态为主，同时在塑性矿物、有机质增多的条件下抑制了储层缝网的形成。

4.3　多因素影响机理

4.3.1　缝网形成的多（地质）因素影响机理

梳理上述多类地质因素之间及其与岩石力学性质的联系，并将各因素对页岩压裂形成缝网有利的岩相组合进行标记（表 4-5）。

表 4-5　不同地质因素及岩石力学性质对缝网形成的有利岩相组合评价（√代表促进，×代表抑制）

对比项		FA1	FA2	FA3
地层占比	五峰组占比	√		
	龙马溪组占比		√	
矿物组分	硅质矿物含量	√		
	碳酸盐矿物含量		√	√
	矿物粒径	×	√	√
天然裂缝	天然裂缝发育度		√	×
	天然裂缝充填度		√	
页岩层理	页岩层理发育度		√	
储集物性	孔隙度	×	√	√
	孔隙形状	√		×
	总有机碳（TOC）	×	√	
	塑性组分		√	√
	脆性组分	×	√	
岩石力学	杨氏模量		√	√
	泊松比	√	×	√

　　以不考虑各项地质因素对储层物性、含气性的影响为前提，在水体环境由动荡向局限安静转变的对应岩相中（即 FA3→FA2→FA1 的转变）：①逐渐有利于硅质矿物 Si^{4+} 的沉淀、自生硅质矿物的生成和黏土矿物的脱水转化作用，使得硅质矿物含量增加，矿物颗粒粒径增大。同时，黏土矿物的高程度转化提高了孔隙地层水中 Si^{4+} 的浓度，石英重结晶作用明显增强，微晶石英逐渐替代原有塑性黏土成分，但产状非均质性很强，平行和垂直层理发育并不固定，扰乱了原有的规律成层性，也成为增大脆性颗粒粒径的原因之一。蒙脱石向伊利石、绿泥石的转化过程指向碱性孔隙水的特征，为产生大量 Si^{4+}、Fe^{2+}、Mg^{2+} 提供了有利场所，当 Si^{4+} 达到一定含量时，伊蒙混层的形成也伴随 SiO_2 的析出，使得颗粒之间的胶结程度增强，也增大了颗粒粒径。②逐渐不利于氧化成分的富集，碳酸盐矿物发育受限，但有利于有机质发育，伴随有机酸的大量生产造成溶蚀，降低碳酸盐矿物发育程度。③逐渐有利于大量生物碎片和脆性矿物的堆积，生物分界形成丰富的有机质富集区并在粒间发育大量有机质，使得水体环境富硅，为有机质孔的形成提供优质场所，使得有机质含量与孔隙发育程度逐渐提高。同时，超压环境下有机质的大量发育伴随着有机酸的推迟生成，但并不阻碍其产出量，对硅酸盐矿物产生一定的溶蚀形成游离 Si^{4+}，有利于石英的重结晶富集，脆性含量上大幅增加页岩强度，同时也成为成岩过程中胶结增大颗粒粒径的原

因之一。④逐渐不利于差异互层的发育，使得页岩层与层之间的物理性质变化小，层理厚度增大，单位厚度内层理发育规模变小。⑤逐渐不利于碱性水的滞留及其触发的胶结沉淀作用，使得裂缝发育规模逐渐受到限制，裂缝发育度、充填度逐渐降低。⑥逐渐有利于储集空间的发育，自生石英、次生加大石英的大量生成在机械压实作用时增强的骨架的弹性，有利于对原生粒间孔隙（尤其是纳米级孔隙）的保留，为孔隙发育、有机质充填赋存提供了保障，改善储集空间，同时又成为削弱力学弹性、增加岩石塑性的原因。

因此，在完整的等时格架序列中，FA1 虽具有绝对性优势的硅质矿物含量，但较大的颗粒粒径、较低的裂缝发育程度和层理发育规模、高孔高有机质均抑制缝网的形成；FA3 具有适宜的矿物高混合度、较小的颗粒粒径、适中的孔隙与有机质发育程度，但裂缝发育程度过大，且与斑脱岩等事件沉积联系紧密，易发生滤失或砂堵等异常现象，也抑制缝网的形成；FA2 具有适宜的脆性组分混合程度、较小的颗粒粒径、相对致密的储集物性、适中的裂缝发育程度、较高的裂缝充填程度，使得该类岩相组合发育层是缝网形成的理论最有利对象。

4.3.2　多（地质）因素对缝网形成实现产能的影响机理

综合分析认为，页岩气储层缝网形成影响因素并非具有一致性，各因素之间具有较大的冲突，故而理论上影响缝网形成的因素是综合的。此外，页岩气储层矿物组分（脆性）、孔隙度与产能之间存在与以往认识不同的规律（图 4-41），产能控制因素可能存在临界值，或与矿物分布、岩石纵向高频叠置、岩相的多样性与非均质分布有关，脆性、天然裂缝特征与岩石力学的匹配关系并非耦合，峰值特征并未叠合，页岩气储层横向"蜂窝状"的甜点沟通模式和纵向储层层序对地应力的控制均影响着页岩气产能，所以真正意义上的页岩气可压性评价应包括前述的可压性评价和储层含气性（储集性）评价，由此结合地质"甜点"和工程"甜点"选择压裂簇段对提高改造效果具有重要意义。

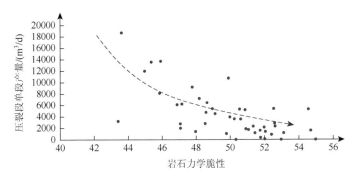

图 4-41　焦石坝区块 JY7-1 井、JY10-2 井、JY8-2 井水平生产井各压裂段产能与岩石力学脆性关系

第5章 页岩气储层缝网压裂综合评价与表征模型

5.1 综合评价与表征模型建立思路

5.1.1 现有评价与表征尚未解决的问题

缝网可压裂性评价是页岩气储层实现缝网压裂的重要前提步骤。页岩储层独特的分布特征决定了我国与北美不同的开采模式（表 5-1）。国内页岩气开发不能完全照搬北美地区采用的经典模式，即多井分段缝网压裂的模式 [图 5-1（a），图 5-1（b），图 5-1（c）]。由于地质与地理环境较差、成本较高等劣势，中国页岩气应对任一生产井各水平压裂段实现缝网改造来提高产量，即全井段缝网模式 [图 5-1（a），图 5-1（d），图 5-1（e）]。

表 5-1 中国与北美地区页岩气储层压裂条件差异

北美	中国
埋藏浅、平原地区，建井成本低，可用多井实现高产	埋藏深、山区丘陵，建井成本高（比北美高出 30%），必须用少井实现高产。西部平原地区可多井但又缺水
"长水平井＋分段压裂"只需形成分段缝网，就可实现多井高产	"长水平井＋分段压裂"须形成全井段缝网，才能实现少井高产
埋藏浅，裂缝闭合压力低，低浓度支撑剂能满足导流能力要求	埋藏深，裂缝闭合压力高，高浓度支撑剂才能满足导流能力要求
水资源丰富，可以暂时承受页岩气开发对水资源的消耗	水资源匮乏、西部生态脆弱、南方人口稠密，对水资源消耗和对地表水系污染的矛盾更为突出

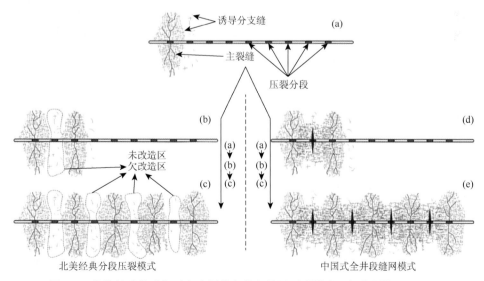

图 5-1 北美经验模式与适合中国的全井段缝网压裂模式（赵金洲等，2018）

因此，实现全井段缝网压裂，首先需准确认清水平段穿行影响区域内的可压裂性：①压裂段 SRV 是否达到理想的影响范围；②相邻压裂井、压裂段间是否存在未形成缝网区域；③段间未改造区域是否具有改造价值（是否具有足够的页岩气资源，同时是否具备良好的压裂效果）。

然而，由于缝网压裂影响因素存在相互制约的关系，单纯的矿物脆性、力学脆性或涵盖天然裂缝分布的可压性均不足以准确地进行缝网可压裂性评价，且忽略了评价的初衷。最初定义"SRV 越大，产量越高"，该定论的前提条件是页岩储层性质均质发育，但凡改造区域均能获得产能。可压裂性评价以优选最大化 SRV 分布区为目的，然而在矿场实践中却不能保证所改造区域具有足够的可采页岩气。综合来看，目前各类评价方法逐渐完善，但仍存在尚未解决的问题：

（1）可压裂性评价高矿物与岩石力学脆性区定义过于广义，以选区为目的居多（曾庆才等，2018），却难以精细地对单井、单段之间的区别进行描述。

（2）对高矿物与岩石力学脆性区的进一步储集性评价尚未开展，无法确定工程"甜点"和地质"甜点"是否叠合，SRV 区域内的有效性难以确保，地质-工程一体化研究仍处于起步阶段。

（3）大部分研究将天然裂缝发育对缝网改造定义为积极作用，忽略了天然裂缝发育对岩石原位力学特征、储层储集性的影响，难以确保天然裂缝是否具有贡献作用。

（4）如前述各类影响因素的相互制约与促进关系，有必要寻求相互关联的影响因素作为初始条件建立多方面多参数评价方法，即将储集性（含气性）、可压裂性和天然裂缝（以层理缝为主）分布进行平行处理，再进行权重整合做出评价。

另一方面，SRV 概念提出以来，主要用于表征压裂水平井（段）改造范围，直观反映压裂效果。目前 SRV 现场与理论评价方法研究进展总体表现为：

（1）矿场主要依赖于微地震监测和地面倾斜仪等设备监测手段，推广性和经济可行性较差。

（2）基于扩散方程、拟三维扩展数值模拟或离散裂缝网络等方法，对数学模型的推导过于依赖，并将裂缝扩展路径上的页岩气储层特征均质化处理，原位特征复位效果较差。

（3）若能实现高精度缝网可压裂性评价，可以利用准确的岩相组合划分，通过相控理论实现三维 SRV 表征，则可弥补矿场与理论方法尚存的缺陷。

5.1.2　评价与表征思路

对于初次压裂，储层处于未开采阶段，进行包括储集性、可压裂性在内的综合评价才能保证水力压裂所改造的区域具有产能。对于重复压裂，则需要进行包括剩余可采储量、初次 SRV 改造比、压后可压裂性在内的综合评价。此外，页岩岩相对天然裂缝发育具有明显的对应关系（欧成华等，2017），通过该关系建立基于页岩岩相（组合）的裂缝预测也应属于储层缝网综合可压裂性评价的一环。缝网可压裂性评价不再是经典模式下仅对页岩可压裂性的评价，而是涵盖了页岩可压裂性、评价区内的储集性与裂缝影响。因此页岩气储层缝网压裂综合评价与表征流程如下（图 5-2）：

（1）量化储层中不同赋存形态页岩气量，选取与其相关的孔隙度、TOC 等特征参数，建立储集性评价因子，用以表征储集性。

（2）基于等效介质理论，量化储层矿物、岩石力学脆性，并将其整合，建立缝网可压裂性评价因子，用以表征储层岩石基质的可改造性。

（3）依据相控理论，识别页岩岩相对天然裂缝的对应关系，建立裂缝发育评价因子，用以表征储层裂缝发育强度。

（4）运用已获取的各类评价因子，进行页岩气储层缝网可压裂性综合评价与表征。

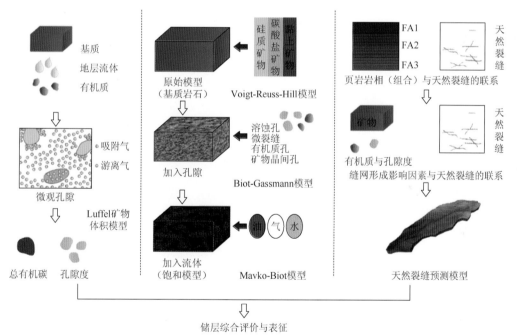

图 5-2　储层综合评价思路

5.2　页岩气储层综合评价关键参数的确定

5.2.1　储集性评价因子

对初次压裂页岩气井，储集性特征影响着页岩气资源的分布。储集性评价方法较多，常通过毛管压力曲线等分析化验方法。但对于页岩气储层而言，非均质性极强、微观尺度上属性变化不明显、高致密程度等特征使得页岩无法明确区分（表 5-2）。在碳酸盐岩储层评价中储能系数 R_1（储层含气饱和度 S_o×储层有效厚度 h_1）、R_2（储层有效孔隙度 φ×储层有效厚度 h）均有显著效果，页岩气储层高含气量"甜点"的识别多采用碳酸盐岩评价方法，建立储能系数 R_{sh}，即有机质含量 TOC×富有机质（TOC 值大于 2%）储集层厚度（或同属性页岩水平延伸长度）h_2 进行储集性评价。该方法原理上首先假设了有机质是优质储集性、含气性的决定性因素，认为页岩气储层随着有机质的增多，含气量同样呈线性增大特征，多用于选取优质储层区。

表 5-2　四川盆地焦石坝地区 JY-1 井龙马溪组页岩压汞实验数据

井深/m	孔隙度/%	渗透率/($10^{-3}\mu m^2$)	中值半径/μm	饱和度中值压力/MPa	排驱压力/MPa	毛管压力曲线类型
2330.46	4.31	0.0348	0.0048	156.7820	45.4	细歪度
2340.82	4.19	0.7496	0.0051	146.5240	50.5	细歪度
2355.60	2.77	9.4177	0.0047	160.5600	47.2	细歪度
2369.63	3.86	1.2408	0.0051	146.3959	41.0	细歪度
2379.78	4.13	109.7210（裂缝）	0.0076	98.3239	27.5	细歪度
2393.63	4.00	0.0056	0.0072	131.2460	37.6	细歪度
2412.61	4.79	0.0097	0.0059	126.3568	48.2	细歪度

　　然而，综合北美和国内页岩气开发进展表明，游离态天然气对产能的作用至关重要（图 5-3，图 5-4），游离气与吸附气比值最高可达 80%，吸附气对产能的贡献主要集中在开采后期，说明以储能系数评价区内单井、单段储集性并不准确。游离气存在阶梯式运移模式（郭彤楼等，2014），高成熟度页岩储层孔隙度与 TOC 并非完全呈正相关性（王飞宇等，

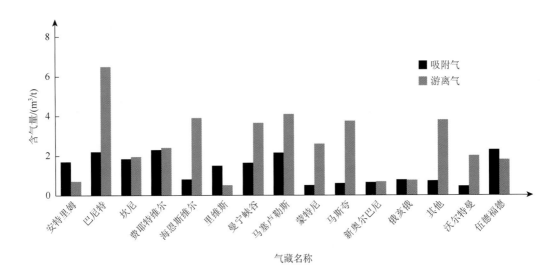

图 5-3　北美不同页岩储集层吸附气与游离气含量对比图

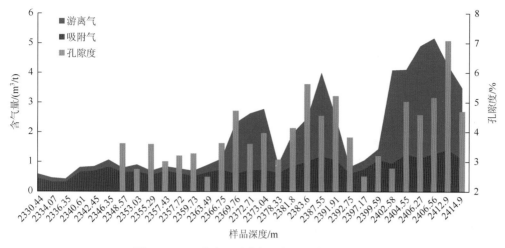

图 5-4　JY-1 井岩心游离气量与吸附气量关系图

2013)，这也说明对前期产能做主要贡献的游离气不适合采用 R_{sh} 进行评价，已有评价方法对孔隙度等页岩储层赋存特征参数及游离态页岩气的贡献等因素尚考虑不足。

所以，为解决包括朗格缪尔体积与压力模型、密度反演等手段进行 TOC 预测进而以此进行储集性评价尚存在的缺陷，充分考虑页岩储层各向非均质性，对不同赋存形式页岩气量进行预测评估，实现了国内页岩气储层含气评价的突破（赵金洲等，2017）。总体来说，矿场实践多采取地球物理方法，分别选取游离气、吸附气进行定量表征。其中，孔隙度与 TOC 是表征游离气、吸附气的关键参数（图 5-5，图 5-6）：吸附气与有机质关联度极高，说明有机质与储层对气体的吸附能力正相关；而孔隙度发育到一定程度时，与游离气关系密切，孔隙度较低时，游离气增量及含量均很小，故有机质明显控制含气量。所以游离气、吸附气根据地质特征的变化，其权重也发生着变化。因此，从页岩储层特殊的含气性角度考虑，选取孔隙度与 TOC 作为关键参数，建立储集性评价因子。

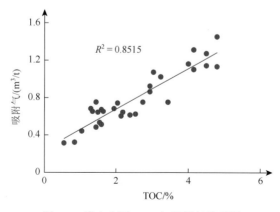

图 5-5　岩心实测 TOC 与吸附气关系图

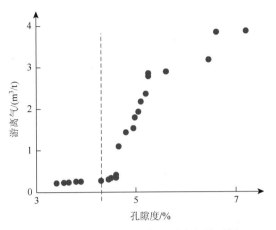

图 5-6　岩心实测孔隙度与游离气关系图

建立储集性熵权系数 a_1、b_1，实现区别代表游离态页岩气和吸附态页岩气对产能差异贡献能力，建立页岩储集层物性评价因子：

$$e_1 = a_1\phi' + b_1\omega' \tag{5-1}$$

其中

$$\omega' = (\omega_o - \omega_{\min}) / (\omega_{\max} - \omega_{\min}) \tag{5-2}$$

$$\phi' = (\phi_e - \phi_{\min}) / (\phi_{\max} - \phi_{\min}) \tag{5-3}$$

式中，e_1——原始储集性评价因子；

a_1, b_1——物性权重系数；

$\omega_{\max}, \omega_{\min}$——工区最大、最小 TOC 含量（%）；

ω_o——等效总有机碳含量（%）；

ω'——无量纲化的 TOC 含量；

$\phi_{\max}, \phi_{\min}$——工区最大、最小孔隙度（%）；

ϕ_e——有效孔隙度（%）；

ϕ'——无量纲化的孔隙度。

1. TOC 含量模型

首先，本次研究定义 TOC 含量直接决定吸附气量。而页岩储层中，并非仅有有机质（孔）对气体有吸附作用，黏土颗粒也具备一定的吸附能力。因此需同时考虑有机质孔、矿物孔等具有吸附能力的孔隙对吸附气的影响，定义当 $i = 1，2，3$ 时 f_i 分别代表石英、碳酸盐和黏土矿物，故定义 ω_o 如式（5-4）：

$$\omega_o = a_2\omega + b_2 f_3 + c_2 f_2 + d_2 f_1 \tag{5-4}$$

式中，ω——总有机碳含量（%）；

a_2，b_2，c_2，d_2——吸附权重系数，表征不同组分对气体的吸附能力，考虑有机质孔与无机孔的比例，本次设石英、碳酸盐矿物不具备吸附效果，令 $a_2 = 1$，$b_2 = 0.01$，$c_2 = 0$，$d_2 = 0$。

考虑经济可行性，取样获取总有机碳含量 ω 难以实现，以川东南页岩储层已有研究成果（黄仁春等，2014），建立有机碳回归模型，如式（5-5）：

$$\omega = a_3 \rho_\phi + b_3 \tag{5-5}$$

式中，a_3，b_3——分别为-0.16129 和 0.44147，模型适用于密度小于 2.7 的页岩岩石。

2. 孔隙度计算模型

确定孔隙度常用到如下模型：物质平衡体积模型[式（5-6）]、环境校正模型[式（5-7）]、一元与多元回归模型[式（5-8）]和密度曲线-矿物模型[式（5-9）]。

$$\log_T = V_m \cdot \log_m + \phi_e \cdot \log_{fl} + V_{sh} \cdot \log_{sh} \tag{5-6}$$

式中，$\log_T$——测井总体积参数；

　　　V_m——矿物体积；

　　　$\log_{fl}$——测井岩石骨架值；

　　　V_{sh}——测井流体值；

　　　$\log_{sh}$——泥质含量与泥岩数值。

$$\phi_e = \phi_{CNL} \cdot P_x + \phi_\rho \cdot (1 - P_x) \tag{5-7}$$

式中，ϕ_{CNL}——中子孔隙度；

　　　P_x——孔隙度计算比例因子；

　　　ϕ_ρ——密度孔隙度。

$$\begin{cases} \phi_e = a \cdot \log_1 + b \\ \phi_e = a \cdot \log_1 + b \cdot \log_2 + c \cdot \log_3 + \cdots \end{cases} \tag{5-8}$$

式中，$\log_1$、$\log_2$、$\log_3$ 等——表示与孔隙度相关联的测井参数值；

　　　a、b、c 等——表示各测井参数值的影响系数。

$$\phi_e = \frac{\rho_m - \rho_\phi \left(\rho_m \dfrac{\omega_{lab}}{\rho_k} - \omega' + 1 \right)}{\rho_m - \rho_f + \omega_{lab} \rho_f \left(1 - \dfrac{\rho_m}{\rho_k} \right)} \tag{5-9}$$

式中，ω_{lab}——室内分析获取的 TOC 均值（%）；

　　　ρ_f——流体密度（g/cm³）；

　　　ρ_m——岩石基质密度（g/cm³）；

　　　ρ_k——有机质（干酪根）密度（g/cm³）。

物质平衡体积模型难以通过常规测井解释数据计算孔隙度，主要适用于常规、致密砂岩储层,且天然气的存在将会使密度孔隙度增大、中子孔隙度减小,只有对中子、密度孔隙度进行地层含气校正后,才能得到地层的真实孔隙度。

环境校正孔隙度模型实现了对页岩气储层与常规储层共性的充分融合,缺点在于十分依赖室内分析获取的密度孔隙度 ϕ_p,而游离气主要以储集空间富集赋存控制,与有机质发育规模联系不大,孔隙度为人为取值,可调性强,模型得出的结果精度较差。

密度曲线线性模型推广性好,基础参数可通过岩心实测页岩基础特征,将各项特征与孔隙度之间建立线性方程从而进行孔隙度预测,缺点在于基质密度 ρ_m、有机质密度 ρ_ω、流体密度 ρ_{fl} 为特征值,适用于受构造运动改造程度小、矿物组分变化小、页岩岩层沉积环境水体动荡幅度小的海相页岩。从参数关系来看,模型侧重体现密度对孔隙度的影响,所以对于环境变化尺度大的陆相页岩,或受构造运动改造程度较大的川东南龙马溪组海相页岩,考虑页岩气不同程度的置换式运移和不均匀岩矿分布特征之下,模型预测的孔隙度可能与室内分析存在偏差。综合王飞宇等(2013)关系页岩储集空间的综合分析结果,在满足 TOC 小于 4%时,孔隙度与 TOC 呈明显的正相关性,故研究定义页岩各数据点在满足 TOC 小于 4%条件时,孔隙度预测可以采用该模型。此外,密度曲线线性模型将页岩储层划分为基质、地层流体和储集空间三部分。其中,基质包括各类矿物组分、有机质,地层流体包括天然气和束缚水,储集空间定义为有机质孔、无机孔等。从参数的选取上与后续通过相同参数获取的岩石力学性质可形成关联,增强多因素之间的影响。

一元回归模型、多元回归模型考虑单一或复数因素,而多元模型可消除一元回归模型低精度的缺陷,在反映含气性原位特征方面具有明显优势。国内外大多数学者利用声波(AC)、中子(CNL)和体积密度(DEN)等地球物理数据预测孔隙度,然而由于国内页岩储层内游离气置换式运移程度通常较强,反映出与 DEN/TOC 无明显关系的特征。将 JY1井岩心实测孔隙度与其相应地球物理数据进行回归分析时认为,AC 曲线与孔隙度的回归关联度最高(0.85),其次为 KTH 伽马曲线(0.8)和 CNL 曲线(0.75),与 DEN 关系并不明显。由此提出当数据点满足 TOC 大于 4%条件时,采用多元回归模型。因此,式(5-8)、式(5-9)作为本次研究孔隙度计算模型。此外,为实现孔隙度评价的可视化并有助于可压裂性评价,通过 Petrel 建立连续型模型。

3. 储集性权重模型

利用熵权法对游离气与吸附气贡献进行权重处理。首先是无量纲化处理,见式(5-10):

$$Y_{ij} = \frac{x_{ij} - \min x_j}{\max x_j - \min x_j} (i=1,2,\cdots,k; j=\phi,\omega) \qquad (5\text{-}10)$$

构建熵值模型为

$$E_j = -\ln k^{-1} \sum_{i=1}^{k} p_{ij} \ln p_{ij} \qquad (5\text{-}11)$$

其中，

$$p_{ij} = Y_{ij} \bigg/ \sum_{i=1}^{k} Y_{ij} \qquad (5\text{-}12)$$

构建权值模型为

$$W_j = \frac{1-E_j}{k - \sum E_j}, W_j = \begin{cases} a_1 & j = \phi \\ b_1 & j = \text{TOC} \end{cases} \qquad (5\text{-}13)$$

式中，E_j——游离气表征熵值或吸附气表征熵值；

$\qquad W_j$——游离气或吸附气量的权值；

$\qquad x_{ij}$——第 i 个地球物理数据点对应的 ϕ 值或 TOC（%）；

$\qquad Y_{ij}$——第 i 个地球物理数据点对应的归一化 ϕ 值或 TOC。

图 5-4 表明本次研究对象，即川东南页岩主力产气层（对应 JY1 井 2377～2415m）孔隙度高值分布广，并控制游离气纵向分布；图 5-6 表明孔隙度在 4%～4.5%发生与游离气关联陡升且游离气含量明显升高的现象。考虑到孔隙度以 4.0%～4.5%分界两侧表现出的孔隙度对游离气控制程度的变化，需分别计算 $\phi_e \geqslant 4.5\%$ 和 $\phi_e < 4.5\%$ 时的 a_1、b_1，以此得到两种条件下不同赋存形式页岩气对产能的差异贡献程度。

5.2.2 储层可压裂性评价因子

弹性模量、泊松比是岩石抗破裂能力的综合内在表现。可压裂性评价以优选高弹性模量、低泊松比的页岩层为目的。通常认为，当满足较小泊松比，较大弹性模量的条件时，页岩储层形成缝网的可能性将增大（图 5-7），由此可见，弹性模量与泊松比的准确演算

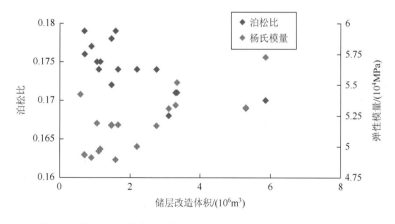

图 5-7　焦石坝 C 井各压裂段微地震监测 SRV 与弹性参数关系图

成为储层改造体积评估的关键。因此，弹性力学参数和泊松比可以直观反映储层可压裂性。由于压裂缝网的形成受到多因素共同影响，需考虑前述各因素对可压裂性评价模型进行约束。综合已有研究方法，以消除参数权重、增强矿物与力学联系等为目的，建立缝网可压裂性评价因子，见式（5-14）。

$$e_2 = E'/v' \tag{5-14}$$

其中，

$$E' = (E_o - E_{min})/(E_{max} - E_{min}) \tag{5-15}$$

$$v' = (v_o - v_{min})/(v_{max} - v_{min}) \tag{5-16}$$

式中，e_2——原始压裂评价因子；

E_{max}, E_{min}——区内地球物理解释点中弹性模量的极大、极小值（MPa）；

E_o——地球物理解释的弹性模量（MPa）；

v_{max}, v_{min}——区内地球物理解释点中泊松比的极大、极小值；

v_o——地球物理解释的泊松比；

E'——无量纲化的弹性模量；

v'——无量纲化的泊松比。

借鉴经典模型，利用地球物理测试获取的横波、纵波来计算弹性模量与泊松比，见式（5-17）、式（5-18）。

$$E_o = \rho_\phi v_s^2 \frac{3v_p^2 - 4v_s^2}{v_p^2 - v_s^2} \tag{5-17}$$

$$v_o = \frac{0.5v_p^2 - v_s^2}{v_p^2 - v_s^2} \tag{5-18}$$

然而在工区内并非各导眼井进行了阵列声波测试，压裂水平井更是缺失横波数据，这为缝网压裂评价因子的计算带来困难。矿场实践中通常采用已有阵列声波测井资料对全区各生产井应用，未能反映储层原位特征，使得应用效果较差，多因素反演模型则优势明显。因此，研究充分利用矿物组分与弹性力学参数之间的相关性，并加强与储集性评价因子之间的联系（图5-2）。首先，以Voigt-Reuss-Hill模型为基准，考虑多类岩矿成分的影响，获取页岩基质等效弹性力学参数，见式（5-19）、式（5-20）：

$$K_e' = (K_V + K_R)/2 \tag{5-19}$$

$$G_e' = (G_V + G_R)/2 \tag{5-20}$$

其中，

$$K_V = \sum K_n f_n, \quad \frac{1}{K_R} = \sum \frac{1}{K_n} f_n \tag{5-21}$$

$$G_V = \sum G_n f_n, \frac{1}{G_R} = \sum \frac{1}{G_n} f_n \tag{5-22}$$

式中，K'，G'——VRH 模型计算得到的初始等效体积模量和切变模量（MPa）；

　　　　K_m，G_m——页岩岩石基质的体积和切变模量（MPa）；

　　　　K_n，G_n——第 n 类岩矿成分的骨架弹性模量（MPa）；

　　　　K_R，G_R——Reuss 平均弹性模量（MPa）；

　　　　K_V，G_V——Voigt 平均弹性模量（MPa）。

进一步处理计算得到的初始等效体积模量和切变模量，即通过 Berryman 模型加入孔隙，计算涵盖孔隙形状的等效体积模量和切变模量，见式（5-23）和式（5-24）：

$$\sum_{i=1}^n c_i(K_i - K_e)P_i = 0 \tag{5-23}$$

$$\sum_{i=1}^n c_i(G_i - G_e)Q_i = 0 \tag{5-24}$$

式中，P_i、Q_i——矿物形状因子，均是关于初始等效体积模量和切边模量的函数，可由式（5-36）、式（5-37）、式（5-38）得到。

基于 DEM 的 Kuster-Toksöz 理论，加入孔隙发育程度的影响，构建涵盖孔隙形状与发育程度的干岩石骨架弹性模量表达式，见式（4-41）～式（4-46），此时存在如下关系：

$$K_{dry} = K(\phi) \tag{5-25}$$

$$G_{dry} = G(\phi) \tag{5-26}$$

由此，将孔隙流体加入页岩基质，基于 Gassmann 模型将式（4-36）变化为如下式获取饱和流体的岩石骨架弹性模量：

$$\frac{K_{sat}}{K_m - K_{sat}} = \frac{K_{dry}}{K_m - K_{dry}} + \frac{K_f}{\phi(K_m - K_f)}, G_{sat} = G_{dry} \tag{5-27}$$

最终，通过式（5-27）获取纵横波数据，解决缺失横波数据的问题。

5.2.3　裂缝综合指标因子

1. 裂缝综合指标因子评价模型思路

川东南地区奥陶系五峰组-志留系龙一段一亚段页岩层理特征变化明显，虽属低能水体沉积产物，但仍受到海平面升降引起的能量变化、水体氧化还原程度、冷水环境下的水体温度等周期性变化的控制。由于页理之间相互存在微弱-较明显的岩性差异，成岩压实作用排水期矿物颗粒间的悬浮接触机制被打破，页理间难以捕捉水溶难沉淀胶结物维持原有塑性。因此在构造作用、成藏生烃膨胀作用影响下，诱导作为弱面的页理形成不同规模的页理缝。

由天然裂缝演化及其与岩相之间的定性关系可知，不同岩相（组合）具有不同的裂缝发育特征，说明相控理论适用于天然裂缝发育的预测。相控法预测天然裂缝发育能应对强非均质性，相比大多数预设裂缝的数值模型具有很大优势。通过相控理论进行天然裂缝预测，也使得裂缝综合指标因子与储集性评价因子、可压裂性评价因子形成关联。所以，通过统计天然裂缝发育数量与尺度，建立与岩相（组合）之间的关系，区分不同岩相内裂缝发育概率，进而建立裂缝综合指标因子，能够实现相控页岩天然裂缝预测的目的。首先，实现对页岩岩相（组合）、天然裂缝发育的精细描述，分析岩相（组合）与天然裂缝发育特征之间的关系；其次，对不同岩相（组合）赋值，定义岩相对应的裂缝发育范围；再次，利用赋值定义的岩相（组合），对各岩相（组合）内页理缝发育密度 F_d、页理缝发育宽度 F_w 和裂缝描述综合指标 I_F 进行定义；最后，以裂缝描述综合指标 I_F 为约束，建立裂缝综合指标因子。

2. 页岩岩相（组合）与天然裂缝发育特征的识别

利用矿物组分、TOC 含量等岩性特征，结合岩石微相划分方法、中尺度沉积学方法，利用储集性评价因子和可压裂性评价因子，对页岩样品进行岩相（组合）划分，然后统计各类岩相发育处裂缝的发育规模（包括裂缝发育密度、裂缝发育宽度），并对裂缝发育规模与岩相、层理等之间的关系进行研究。页岩岩相（组合）与天然裂缝发育特征的精细识别是裂缝综合指标因子准确评价的依据。

3. 不同裂缝发育特征的岩相（组合）的赋值

由于岩相（组合）划分依据了古环境和力学两方面，因此划分结果不仅可以指示不同沉积环境的产物，还能识别相同环境内页岩的区别。同沉积时期的页岩在其可沉积范围内并非完全平整，页岩沉积同样存在高低起伏的形态，因此不同两点沉积界面与海平面的垂直距离并非一致，相同沉积期具有一段距离的两点，页岩各项可能并非近似相同，这也说明即使页岩气水平井穿行相同层位，也可能具有明显不同的增产改造效果。根据岩相（组合）划分结果，对生产井水平产气段岩相（组合）进行识别，对不同裂缝发育程度的岩相进行赋值：设定一级、二级、三级、……，裂缝发育指数 D_F 定义为裂缝逐级更为发育的参数，见式（5-28），按级别赋值为 1, 2, 3, …，对裂缝不发育的岩相（组合）赋值为 0 并排除，由此可对不同位置的页岩的裂缝发育可能性做出相应的预测。

$$D_F = 0, 1, 2, 3, \cdots \tag{5-28}$$

4. 裂缝综合指标因子的建立

对具有裂缝发育可能性的页岩（$D_F \neq 0$），根据式（4-24）建立的裂缝描述综合指标 I_F，建立裂缝综合指标因子 e_3：

$$e_3 = (I_F - I_{Fmin}) / (I_{Fmax} - I_{Fmin}) \tag{5-29}$$

式中，I_{Fmax}、I_{Fmin}——研究工区内（或单井测井解释点）裂缝描述综合指标最大、最小值。

5.3　综合评价模型的建立

5.3.1　缝网综合可压裂性评价因子

假设页岩气储层储集性、可压裂性和裂缝发育规模对页岩气缝网综合可压裂性影响程度一致，且对后期产能贡献均等，故将储集性评价因子、可压裂性评价因子和裂缝综合指标因子进行无量纲化处理，分别为 E_1、E_2 和 E_3，通过基于岩矿组分的等效介质模型建立综合评价因子 E_c，用以实现综合识别出表征富资源量的"勘探开发甜点"和缝网形成难度小的"工程高渗带"同时具备的页岩集合（图 5-8）：

$$\frac{3}{E_c} = \frac{1}{E_1} + \frac{1}{E_2} + \frac{1}{E_3} \qquad (5-30)$$

其中，

$$E_1 = (e_1 - e_{1min}) / (e_{1max} - e_{1min}) \qquad (5-31)$$

$$E_2 = (e_2 - e_{2min}) / (e_{2max} - e_{2min}) \qquad (5-32)$$

$$E_3 = (e_3 - e_{3min}) / (e_{3max} - e_{3min}) \qquad (5-33)$$

式中，e_{1max}、e_{1min}——储集性评价因子的最大、最小值；

e_{2max}、e_{2min}——可压裂性评价因子的最大、最小值；

e_{3max} 和 e_{3min}——裂缝综合指标因子的最大、最小值。

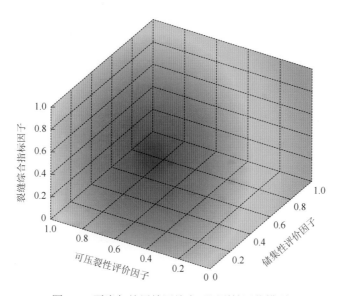

图 5-8　页岩气储层缝网综合可压裂性评价模型

5.3.2　评价机制下的岩相（组合）分类

为探讨页岩气缝网综合可压裂性评价的有效性，选取中石化涪陵页岩气田 188 口水平压裂井作为研究对象，开展单井综合可压裂性评价分析工作。按照综合评价因子的计算结果，从储层含气性、可压裂性和天然裂缝发育程度三个角度，将五峰组-龙一段一亚段主力产气页岩划分出Ⅰ类、Ⅱ类、Ⅲ类和Ⅳ类等岩石类型（图 5-9）。

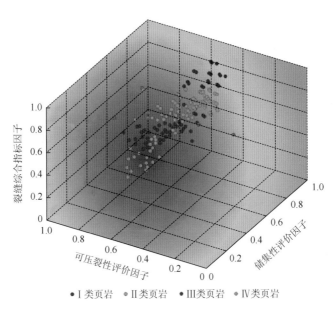

● Ⅰ类页岩　■ Ⅱ类页岩　■ Ⅲ类页岩　● Ⅳ类页岩

图 5-9　研究层段页岩气储层缝网综合评价图版

1. Ⅰ类页岩

Ⅰ类页岩主要对应岩相 F6 和岩相组合 FA1[1]。统计发现，该类页岩裂缝极为发育，（近）水平缝、（近）垂直缝和高角度缝交错发育，方解石充填特征明显。镜下方解石含量少，自生石英极为发育，是储层缝网压裂的物质保证。评价获取该类 E_1 为 0.5~0.9，说明具备较好的含气性能；E_2 为 0.40~0.55，说明具备较好的缝网形成条件；E_3 为 0.6~0.8，说明具备高密度的天然裂缝发育程度。有机质的富集保证了该类页岩具备优质含气性，尽管裂缝系统处于近乎被方解石、硅质成分全充填的情况，有机质孔的大规模发育也为储集空间和页岩气资源的保存提供了先天条件。生物型石英和缝网形式的充填缝的大量发育，使得储层在沉积成岩时期便形成不同形态的天然弱面（包括层理、微裂缝等），使得该类页岩压裂形成缝网的能力较强。该类岩石 E_c 为 0.55~0.6，含气性、可压裂性和天然裂缝发育均较好，可在当前开采流程中将其定为主力开采页岩类型。

2. Ⅱ类页岩

Ⅱ类页岩主要对应岩相 F4、F3 和岩相组合 FA2[1]。统计发现，该类页岩中微裂缝韵律型发育特征尤为明显，序列底部的微裂缝发育规模明显大于上部，充填特征也呈现方解石全充填-方解石半充填-泥质半充填或未充填的演化特征，相比Ⅰ类页岩，该类页岩中裂缝与生物发育规模均较少。镜下观察该类岩石碳酸盐矿物含量多大于 10%，富硅、多碳酸盐矿物区间具有明显-不明显界线，微观、宏观层理极为发育，具有优势的压裂效果。该类岩石 E_1 为 0.40～0.75，表现出不稳定的含气性，总体表现一般；E_2 为 0.55～0.60，说明缝网形成的能力较好，并且十分稳定；E_3 为 0.2～0.9，且主要分布为 0.4～0.7，表明裂缝发育程度较高，但宏观上未呈现明显的天然缝网形态。TOC 适中与岩石微观有机质孔发育程度一般相匹配。相比Ⅰ类页岩，硅质矿物含量虽然降低，但方解石等矿物的明显增加弥补了该缺陷，高脆性矿物含量同样保证了水力压裂形成缝网的能力。该类岩石 E_c 为 0.4～0.7，主要集中为 0.45～0.55，说明岩石的含气性、缝网形成能力、裂缝发育规模均恰好，微充填缝的密集发育增大了应力弱面的分布概率，有利于裂缝扩展，形成发育缝网沟通更多含气区域。分析指出该类岩石应作为主力压裂页岩类型。

3. Ⅲ类页岩

Ⅲ类页岩主要对应岩相 F5 和岩相组合 FA3。该类岩石方解石完全充填-半充填水平裂缝较为发育，岩矿特征分布均匀，与Ⅰ类页岩相似，但硅质来源以碎屑供应为主。纹层发育，但纹层厚度较Ⅰ类、Ⅱ类页岩大，镜下发现纹层状分布区呈白云石聚集呈带状分布、黏土夹石英不清晰纹层、石英密集纹层等特征。该类岩石 E_1 为 0.3～0.5，说明该类页岩相比前述两类页岩的含气性较差；E_2 为 0.4～0.6；E_3 为 0.2～0.9，并集中在 0.6～0.8，缝网形成能力与裂缝发育规模与Ⅰ类页岩相当。分析认为，相对较差的储集性是由于宏观天然裂缝的发育过度易造成流体逸散，半充填特征使得所处地层压差大，储集空间受到极大限制。与Ⅱ类页岩相当的脆性矿物含量和与Ⅰ类页岩相当的天然裂缝发育程度则保证了储层压裂过程形成缝网的能力。该类岩石 E_c 为 0.4～0.5，与Ⅱ类页岩有一定交集，依赖其优质的宏观裂缝发育规模，和微观上多组分颗粒之间的频繁相互接触，增大了该类页岩宏微观应力弱面的分布，使得储层在水力压裂初期能够形成高密度缝网而获得高产。综合分析认为，该类页岩若发育在含气性较好的Ⅰ类页岩之间，满足上覆、下伏岩层具有优质含气条件，则可将其作为主力压裂层，沟通上下储集层实现较大 SRV 和较高产量共赢。

4. Ⅳ类页岩

Ⅳ类页岩主要对应岩相 F1、F2 和岩相组合 FA1[2]、FA2[2]。该类页岩水平纹层发育，夹有顺层发育的粉砂质条带，另有少量未充填水平裂缝、方解石脉和大量粉砂质团块，镜下矿物的定向排列特征明显。该类岩石 E_1 集中为 0.2～0.6（$FA2^2$ 主要分布为 0.2～0.4，而 $FA1^2$ 主要分布为 0.4～0.6），说明岩石的含气性波动大，但龙马溪组底部Ⅳ类页岩较中下部较好，能够保证具有含气规模；E_2 主要分布为 0.4～0.6，缝网形成的能力强；E_3 分布为 0.2～0.4，说明天然裂缝发育程度较差。该类岩石储集空间发育规模明显低于Ⅰ类、Ⅱ类和Ⅲ类页岩，裂缝几乎不发育，孔隙度尺度小且分散。另一方面，岩石基质中多脆性组分总量相比最低，但由于其形成于受水动力、陆源碎屑注入、海平面下降等影响的沉积环境，大量粉砂质条带和的粉砂质团块增强了岩石形成缝网的能力。该类页岩 E_c 分布为 0.2～0.4，相比前述三类页岩，该类页岩难以形成缝网，并产生较大 SRV。故将该类页岩视为次级开采岩石类型。

5.4　综合评价模型的应用

5.4.1　页岩有利压裂开发井的识别

如前所述，页岩气压裂形成缝网才能实现高效开发获产。由于页岩同层储层性质（如厚度、储集性等）存在差异，且水平井段也并非连续穿行相同层段，所以页岩评价对穿行段段内、压裂段影响范围内各原位点需有更为准确的认识，经典的模型与方法或将不再适用于水平井段的横向评价。因此，通过页岩气储层缝网综合可压裂性评价进行储层原位评价对页岩气高效开发具有重要作用。而评价的前提是通过地球物理测试数据对模型所需参数的获取。从模型思路（图 5-2）可以看出，模型需要对 TOC、孔隙度、矿物组分含量进行准确计算。通过式（5-4）、式（5-5）、式（5-8）和式（5-9）可对 TOC、孔隙度做出准确判断。而矿物组分可通过元素测井等手段识别。对未进行元素测井的生产井，可通过回归方法进行计算。

回归法假设储层矿物包括黏土矿物和脆性矿物，脆性矿物分为硅质矿物、碳酸盐矿物，硫酸盐矿物因含量较少，不纳入研究范围。

　1. 黏土矿物的计算

选取补偿中子（CNL）、无铀伽马（KTH）、密度（DEN）、自然伽马、深侧向电阻率、声波时差、铀等曲线与岩心测试获取的黏土矿物含量进行交会分析发现，补偿中子、无铀伽马、密度与黏土矿物含量具有较好关联度（图 5-10～图 5-12）。

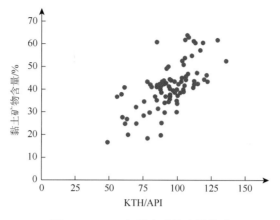

图 5-10　KTH 与黏土矿物含量关系

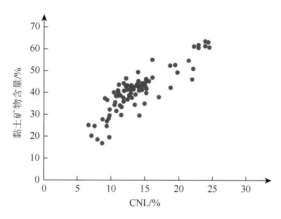

图 5-11　CNL 与黏土矿物含量关系

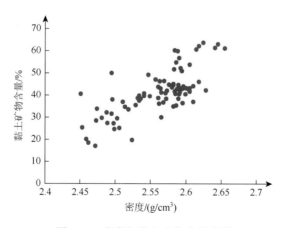

图 5-12　密度与黏土矿物含量关系

　　进一步，为规避单因素拟合的片面性，研究采用与孔隙度模型相似的多元回归方法，选取上述关联度较大的三个参数建立黏土矿物模型，见式（5-34）。根据式（5-34）获得的黏土矿物含量和岩心黏土矿物含量关联性强,也证实多元回归方法适用于研究区页岩黏土矿物含量计算（图 5-13）。

$$f_3 = a \cdot \text{CNL} + b \cdot \text{KTH} + c \cdot \text{DEN} + d \tag{5-34}$$

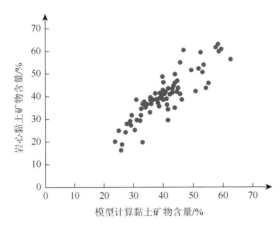

图 5-13　实验与模型黏土矿物含量关系

2. 脆性矿物的计算

评价模型（图 5-2）中页岩岩石骨架包括了黏土矿物、脆性矿物和有机质（干酪根）等。不含流体的岩石体积模型还需考虑孔隙的影响。同样建立密度-矿物模型,见式（5-35）、式（5-36）。

$$\rho_{\text{m}} = \phi_{\text{e}} V_{\text{m}} + f_1 \rho_1 + f_2 \rho_2 + f_3 \rho_3 + f_4 \rho_4 \tag{5-35}$$

$$1 \approx \phi_{\text{e}} + f_1 + f_2 + f_3 + f_4 \tag{5-36}$$

式中,f_4——有机质（干酪根）的含量（即 TOC）;

ρ_1、ρ_2、ρ_3、ρ_4——分别为硅质、碳酸盐、黏土矿物和有机质的骨架密度。

由此可对硅质矿物、碳酸盐矿物含量进行较准确的计算。

5.4.2　单井评价

通过测井解释,运用储层缝网综合可压裂性评价因子划分水平段四类岩石类型所占比例。在涪陵页岩气田焦石坝区块、江东区块、平桥区块和白涛、白马区块 188 口生产水平井中,选取各压裂段簇数相同（3 簇）的水平井进行水平穿行段 Ⅰ～Ⅳ页岩识别,可以看出（表 5-3）,钻遇 Ⅰ 类、Ⅱ 类页岩占比高的生产井普遍获得高值的测试产能。综合来看,E_{c} 高于 0.45 的页岩储层同时具有优质储集性或优质可压裂性的可能性高,而天然裂缝发育规模似乎与产能相关性并不强，但总体上证实了综合评价因子在工区的有效性，也说明考虑多因素的页岩储集层缝网可压裂性综合评价在理论与实际耦合，方法可行性好。

表 5-3　涪陵页岩气田水平井钻遇页岩储集层物性、可压裂性、测试产量统计表

井名	页岩类型				评价因子				无阻流量 /(10⁴m·d⁻¹)	压裂分段	平均产能 /(10⁴m·d⁻¹)
	IV	III	II	I	E_1	E_2	E_3	E_c			
45-3	10.7	11.8	32.22	45.28	0.52	0.49	0.661	0.54	48.1	19	2.53
45-4	13.7	22.5	25.1	38.7	0.51	0.44	0.562	0.50	29.1	21	1.39
22-4	6.2	16.7	28.8	48.3	0.53	0.46	0.541	0.50	65.3	20	3.27
24-4	12.7	22.4	26.2	38.7	0.44	0.63	0.500	0.51	50.2	25	2.00
48-2	9.6	8.9	29.1	52.4	0.51	0.48	0.472	0.48	64.5	17	3.79
47-2	38.7	27.5	17.7	16.1	0.42	0.41	0.471	0.43	7.4	16	0.46
21-4	13.4	17.1	22.1	47.4	0.46	0.56	0.464	0.49	44.6	22	2.03
24-2	25.7	11.7	23.8	38.8	0.43	0.40	0.462	0.43	29.6	19	1.56
21-1	26.5	15.1	20.2	38.2	0.49	0.42	0.461	0.45	17.4	14	1.24
18-4	11.5	16.7	28.7	43.1	0.47	0.52	0.456	0.48	42.4	19	2.23
47-3	18.7	29.5	29.8	22.0	0.46	0.46	0.443	0.45	26.5	22	1.20
15-1	12.4	27.4	36.4	23.8	0.49	0.56	0.442	0.49	74.0	19	3.89
25-3	8.7	18.8	38.1	34.4	0.53	0.47	0.435	0.48	53.0	16	3.31
3HF	21.9	22.7	33.1	22.3	0.47	0.47	0.433	0.46	10.1	17	0.59
24-3	12.8	15.7	36.2	35.3	0.53	0.48	0.421	0.47	41.8	20	2.09
47-1	45.7	17.5	23.5	13.3	0.31	0.41	0.422	0.37	3.5	15	0.23
47-5	37.8	26.7	11.8	23.7	0.45	0.42	0.429	0.43	6.0	18	0.33
11-3	3.7	9.7	31.1	55.5	0.49	0.59	0.421	0.49	112.8	15	7.52
9-3	33.7	20.9	22.1	23.3	0.48	0.47	0.425	0.43	13.0	19	0.68
60-2	16.9	21.2	22.6	39.3	0.57	0.39	0.423	0.45	21.9	20	1.10
45-1	5.5	17.7	29.9	46.9	0.53	0.44	0.411	0.46	86.7	24	3.61
24-1	26.8	14.7	25.7	32.8	0.46	0.44	0.412	0.43	21.5	15	1.43
17-2	22.3	21.2	18.7	37.8	0.54	0.42	0.405	0.45	28.7	17	1.69
60-1	31.4	23.7	13.7	31.2	0.46	0.41	0.417	0.42	8.2	18	0.46
8-2	2.2	5.5	26.5	65.8	0.61	0.48	0.420	0.49	155.8	21	7.42
7-1	16.7	10.4	35.7	37.2	0.56	0.44	0.416	0.46	37.8	17	2.22
25-1	11.7	26.7	25.4	36.2	0.58	0.46	0.417	0.47	35.0	17	2.06
22-3	9.7	11.7	37.8	40.8	0.49	0.64	0.411	0.49	70.3	21	3.35
8-3	2.2	7.1	38.2	52.5	0.61	0.43	0.410	0.52	58.2	19	3.06

5.4.3　单井单段评价

1. 综合评价划分页岩类型对 SRV 的地质响应

X 井组三口水平井水平段穿行的岩相组合埋深相近（排除地应力的影响），各测井点测井数据变化幅度小（A 井水平段垂深 2661～2691m；B 井 2618～2645m；C 井 2575～2636m），通过脆性评价也具有趋近一致的脆性指数（因子）（图 5-14），表明穿行区带在层位、埋深等方面具有横向均质性，消除应力等因素的影响。

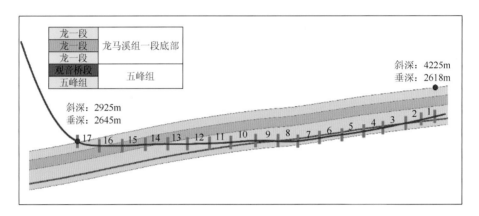

图 5-14　X 井组 B 井水平段穿行层位

同时，X 井组各单井具有相对稳定的施工参数（图 5-15，图 5-16）：A 井以 14.0m³/min 排量、射孔簇 2 簇为主（仅第 3、17 段为 12.5m³/min 排量；第 10、12 段为 13.0m³/min 排量；第 11 段为 3 簇射孔），单段压裂液量集中范围为 1700～2000m³，单段段长集中 65～75m，单段单位长度控制改造宽度（单段压裂液量与单段段长之比）稳定为 25～30m³/m；B 井第 1、

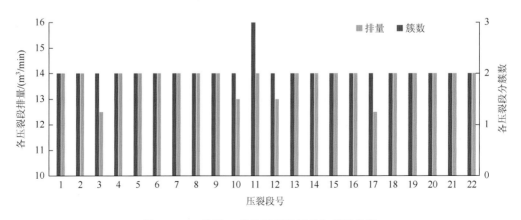

图 5-15　X 井组 A 井各压裂段排量与簇数参数

3～8 段（趾端）以低于 14.0m³/min 排量、射孔簇 2 簇为主，第 2、9～17 段（根端）则以 14.0m³/min 排量、射孔簇 3 簇为主，单段压裂液量也集中范围为 1700～2000m³，单段段长集中范围为 70～80m，单段单位长度控制改造宽度稳定为 20～25m³/m；C 井以 14.0m³/min 排量、射孔簇 3 簇为主（仅 1～3、9、12 段为 2 簇；5、11、16、17 段排量低于 14.0m³/min），单段压裂液量同样集中在 1800～2000m³，单段段长集中在 70～90m，单段单位长度控制改造宽度稳定在 20～25m³/m。总体上，X 井组施工参数差异小，对 SRV 的地质响应分析结果的影响较弱。

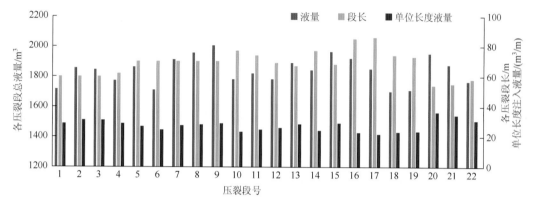

图 5-16　X 井组 A 井各压裂段液量与段长参数

因此，以 X 井组水平井微地震监测结果为例（图 5-17～图 5-20）进行理论分析如下。

图 5-17　X 井组 A 井岩相（组合）、页岩类型与微地震事件点关系（纵剖面）

（1）A 井水平段以穿行五峰组为主，FA1（Ⅰ类）尤为发育，但微地震事件点集中在 FA2（Ⅱ类）中，而宏观裂缝尤为发育的 FA3（Ⅲ类）并未具备较多事件点，说明裂缝的过度发育并未实现预期的 SRV 形成。此外，受早期断裂控制，向下伏灰岩延伸的微地震事件较多，控制区压裂时水力裂缝纵向延伸幅度较大，分析同时认为下伏灰岩中的地震事件彼此关联不大。

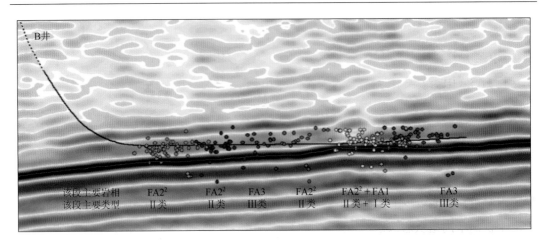

图 5-18　X 井组 B 井岩相（组合）、页岩类型与微地震事件点关系（纵剖面）

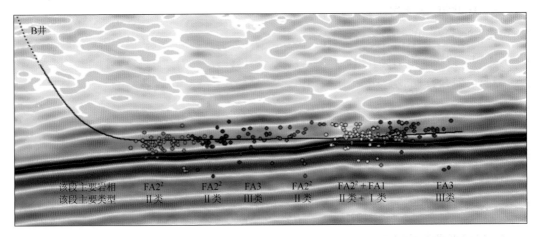

图 5-19　X 井组 C 井岩相（组合）、页岩类型与微地震事件点关系（纵剖面）

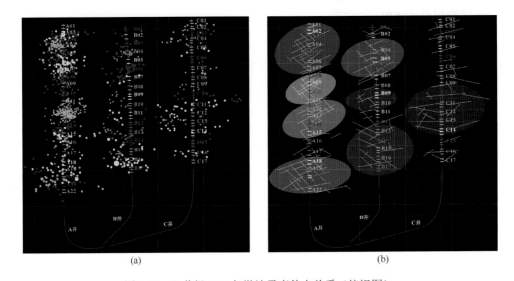

图 5-20　X 井组 FA2 与微地震事件点关系（俯视图）

（2）B、C 井水平段趾端、根端均位于 FA2（Ⅱ类）、FA3（Ⅲ类）发育层过渡区域或 FA2（Ⅱ类）发育层，监测到垂向方向有效的上下改造效果，可调动更多的含气区域，相比穿行 FA3（Ⅲ类）发育层底部或五峰组 FA1（Ⅰ类）发育层的区域，具有明显优势数量的微地震测试点。

（3）3 口井均反映出 2 簇低排量施工与 3 簇大排量施工产生的微地震事件大致持平，说明缝网形成的地质响应可能高于工程响应。

（4）水平段穿行龙马溪组 FA1（Ⅰ类）内（多为水平段初始根端较短距离）的微地震数据点最少，表征较少的微地震事件，而水平段穿行五峰组 FA1（Ⅰ类）时在施工过程中易对下伏涧草沟组灰岩改造，形成"无效"改造体积；穿行裂缝极为发育的 FA3 和五峰组岩层，液体滤失大、动态缝宽较窄，裂缝延伸受限，相控特征明显。

（5）B 井第 3～8 段主要穿行五峰组 FA1，岩性变化小，但随着排量的增加，微地震事件呈递减趋势，可能与天然裂缝张开造成滤失，并未发生岩石破裂有关；C 井第 11～14、16、17 段主要穿行龙一段 FA2，岩性变化小，随着排量的增加，微地震事件数量递增，说明层理发育形成大量天然弱面，有利于水力压裂形成缝网；而射孔簇数的变化，在相同相组合内未对微地震事件具备量化反映。

（6）FA2（Ⅱ类）内的微地震数据点最多，可识别较多的微地震事件［图 5-20（a）红色区域］，同时对应最佳的缝网形成效果［图 5-20（b）］，FA3（Ⅲ类）各项特征均居中。

因此，研究区页岩储层勘探开发过程中，应选择储集性和可改造性均较好的 FA2（Ⅱ类）发育层底部位和局部 FA3（Ⅲ类）发育层重点开发。

2. 缝网形成影响因素对 SRV 的响应

1）矿物组分对 SRV 的响应

对 X 井组各段矿物脆性进行统计，与各压裂段实测波及改造体积进行对比（图 5-21）。可见，矿物脆性集中在 50%～70% 的变化中，并未存在与改造体积明显的关联性，推测脆

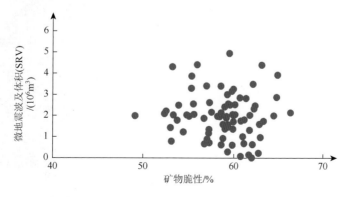

图 5-21　X 井组矿物脆性与波及改造体积关系

性矿物含量的增加、脆性颗粒粒径的增大对缝网形成的促进、抑制相互抵消，对缝网形成未能起到贡献作用。

2）储集物性对 SRV 的响应

对 X 井组各段孔隙度、TOC 建立与波及改造体积关系（图 5-22，图 5-23）。可见，单井各压裂段波及改造体积与储集物性具有较明显的负相关性。理论上，TOC 增加代表有机质含量高，有机酸溶蚀碳酸盐矿物造成对层间差异的削弱，对硅酸盐溶蚀发生重结晶造成脆性颗粒粒径的增大起到了积极作用，从而阻碍缝网的形成，孔隙度的增加实质上为有机质发育提供更为广阔的场所，进一步使得有机质对缝网形成的既定抑制作用。力学上，TOC 增加代表塑性组分增加，孔隙度增大代表岩石强度减弱，从而影响缝网的形成。总体上，岩相变化较小时，储集物性越好，缝网形成的能力越受限。

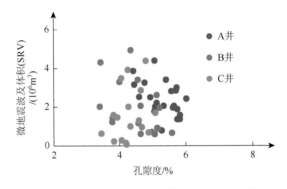

图 5-22　X 井组孔隙度与波及改造体积关系

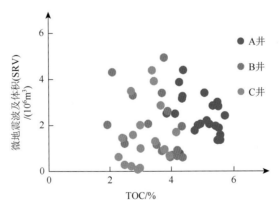

图 5-23　X 井组 TOC 与波及改造体积关系

3）天然裂缝对 SRV 的响应

天然裂缝发育实则与本书对岩相组合的划分联系紧密：FA3、五峰组 FA1 的天然缝网发育，FA2 的层理与层理缝发育，以及龙一段 FA1 的裂缝相对不发育。统计不同压裂段穿行的主要岩相组合，记天然缝网发育的 FA3、五峰组 FA1 为 1，层理与层理缝发育的 FA2 为 2，建立与波及改造体积关系（图 5-24）。

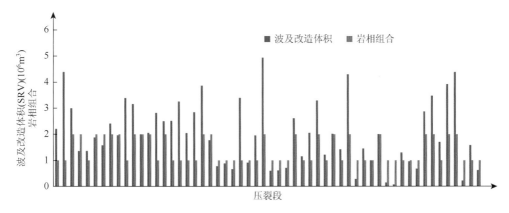

图 5-24　X 井组天然裂缝（岩相组合）与波及改造体积关系

可见，压裂段穿行 FA2 时，产生较 FA3、五峰 FA1 更大规模的波及改造体积，说明天然裂缝的过度发育并不能对缝网形成起积极作用，反而易造成压裂施工异常阻碍缝网的有效扩展（表 5-4）。

表 5-4　X 井组压裂施工异常段与岩相组合、模型分类岩石类型对应统计

单井	压裂段	穿行层位	页岩相组合	模型分类	异常段分析
A	2	2-3	FA3	III	近井地带裂缝发育，滤失较大，扩展受限
	6	3	FA3	III	近井地带裂缝发育，滤失大，扩展受限，砂敏感
	10	3	FA3	III	近井地带裂缝发育，滤失较大，扩展受限
	18	3	FA3	III	滤失较大，缝宽受限，砂堵
B	2	2	FA1	I	凝灰岩影响，岩性变化大，突发性砂堵
	3、5	1	FA1	I	扩展受限，砂比提升受限
	7	1	FA1	I	压力陡升，扩展受限
	11	3	FA3	III	压力陡升，扩展受限
	12	3	FA3	III	扩展受限，砂比受限
C	1	3	FA3	III	砂敏感
	3	3	FA3	III	砂比提升受限
	5	3	FA3	III	天然缝网影响，动态缝宽不足，进砂通道受限
	12	1-2	FA1	I	凝灰岩影响，砂堵，液体滤失量大，缝宽受限
	15	3	FA3	III	砂堵，液体滤失量大，缝宽受限

4）页岩层理与 SRV 的响应

同样，页岩层理的发育对岩相组合乃至矿物组分的变化联系紧密：海水的动荡是层理差异发育的决定因素，相对较高的碳酸盐矿物含量与高发育密度层理具有相关性，因此建

立碳酸盐矿物含量与波及改造体积关系来表征页岩层理与 SRV 的响应关系（图 5-25）。可见，层理的发育对缝网的形成起到促进作用，层理越发育，层间差异越大，应力弱面特征越明显，岩石在压裂过程中沿层理发生破裂的可能性显著增大，并有利于水力裂缝的径向延伸，使得波及体积得到优化扩充。

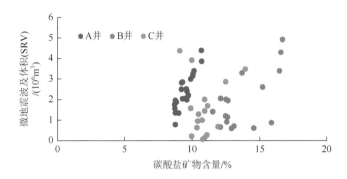

图 5-25　X 井组页岩层理（碳酸盐矿物含量）与波及改造体积关系

因此，基于影响缝网形成的地质因素进行页岩气储层缝网综合评价方法具有较充分的地质理论进行支撑。由此通过综合评价因子对 X 井组进行量化分析。

3. 压裂后综合评价

目前国内借鉴北美的多井分段压裂模式，生产结果表明水平压裂各段具有差异的供气程度。Barnett 组页岩产能数据表明仅半数水平压裂段对所在单井提供的产能。所以，以 X 井组 56 个压裂段为例（图 5-26～图 5-28），根据储集性评价因子、压裂评价因子及其综合系数、裂缝综合指标因子和页岩气储层缝网综合可压裂性评价因子进行水平段评价。

为探讨不同因子叠合下的影响，引入储集性与可压裂性综合系数 E_c'，如式（5-37），表征不考虑天然裂缝影响下储层的改造与增产效果。

$$\frac{2}{E_c'} = \frac{1}{E_1} + \frac{1}{E_2} \tag{5-37}$$

A 井受断裂影响较大（图 5-26 红色区域），压裂施工过程发生滤失现象明显，导致产量较低。总体来看，E_c'、E_c 均介于 0.45～0.5 的压裂段（3～5 段、7 段、11～14 段、19 段），说明储集性能好，E_3 大小适中，能够促进缝网形成，所以普遍具有较高供产能力，主要分布在（1.5～2.5）×10⁴m³/d；而 E_c 高于 0.5 或 E_c' 高于 0.5 的压裂段（8 段、9 段、15 段～17 段、21 段）储层，表现出非均质性较大的特征（储集性变化大、缝网形成优劣的页岩层穿叉发育），故 E_1 曲线、E_2 曲线波动大，同时受到较高的 E_3 影响，压裂施工时以近井区域形成缝网为主，难以形成较大 SRV，故产能较为适中，主要分布在（0.5～1.5）×10⁴m³/d；而受裂缝发育影响（20 段、22 段）和断裂影响较大的压裂段（1 段、2 段、

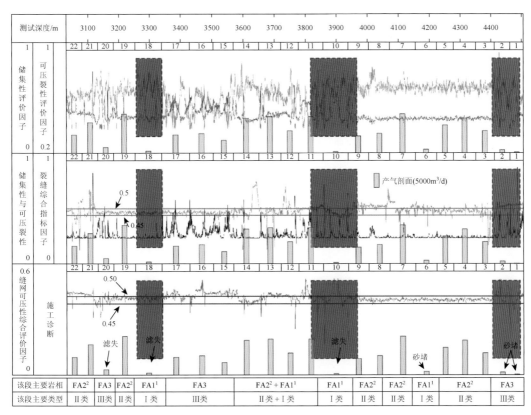

图 5-26　X 井组 A 井水平段物性、可压裂性、裂缝发育程度及综合评价测井解释成果

6 段、10 段、18 段）E_1 曲线、E_2 曲线乃至 E_3 曲线交叉起伏更为明显，非均质性强，故产能普遍较低，多分布于 $0.5 \times 10^4 \mathrm{m}^3/\mathrm{d}$ 以下。

　　B 井穿行段基本未有见断裂发育。其中，13～17 段 E_c'、E_c 均集中分布在 0.45～0.50，说明具有综合的高产与缝网形成能力，具有较高产能，即（1.5～2.5）$\times 10^4 \mathrm{m}^3/\mathrm{d}$；1 段、4 段、9 段、11 段、12 段 E_c' 集中在 0.5 及以上，E_c 集中在 0.5～0.55，E_1 曲线相对稳定，表明储层储集能力强，E_2 曲线同样平稳，但对应值较低，缝网形成能力较弱，E_3 曲线波动性增大，说明裂缝发育规模在适中到过量变化，局部区域并不能形成较大 SRV，故具有一般产能，即（0.5～1.5）$\times 10^4 \mathrm{m}^3/\mathrm{d}$；2 段、3 段、5～8 段、10 段 E_c' 多在 0.45 以下，且波动幅度大，而 E_c 集中在 0.5～0.55，表明裂缝较高的发育程度影响了 E_c 的大小，也说明裂缝过度发育影响了 B 井改造效果，所以产能普遍偏低，即 $0.5 \times 10^4 \mathrm{m}^3/\mathrm{d}$ 甚至更低（图 5-27）。

　　C 井 1～8 段 E_c'、E_c 均较稳定，集中在 0.45～0.5，表明综合评价因子受裂缝综合指标因子的影响较微弱。总体来看，1 段、2 段、4 段、6～8 段、14 段、16 段、17 段具有较稳定的评价因子和综合系数，且裂缝发育规模适中，有利于缝网延伸发育，较容易获得高产，即（1.5～2.5）$\times 10^4 \mathrm{m}^3/\mathrm{d}$；而 10 段、12 段、13 段虽然 E_3 适中，但 E_1 曲线、E_2 曲线波动大，

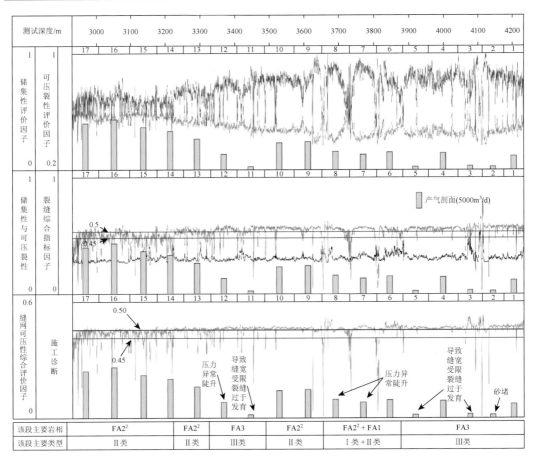

图 5-27　X 井组 B 井水平段物性、可压裂性、裂缝发育程度及综合评价测井解释成果

故具有一般产能，即（0.5～1.5）×10⁴m³/d；而 3 段、5 段、9 段、11 段、15 段 E_3 曲线波动较大，相对应的 E_1 曲线、E_2 曲线相对平稳，说明受到天然裂缝的影响大于储集性和可压裂性本身，压裂施工往往出现异常，多为砂堵，故产能普遍偏低，即 $0.5×10^4$m³/d 甚至更低（图 5-28）。

综上表明，储集性能、缝网形成能力和裂缝特征同时对页岩气井产量产生影响：①当 $E_c>0.50$ 时，气层集中在五峰组且含气量大，经典压裂设计方案主要以该类岩层为对象起裂改造，但一方面高密度弱面发育导致滤失现象增加，另一方面断裂发育的下伏灰岩在压裂时也将发生纵向上对能量的大幅吸收而产生无效 SRV（图 5-29），故近水平段缝网形成充分，远水平段缝网形成效果较差，导致 SRV 大小适中，介于（1.5～3.0）×10⁶m³，并对应中等产量。②当 E_c 介于 0.45～0.50 时，说明岩石的含气量、缝网形成的能力同时得到保障，且 E_3 也多集中在 0.45～0.50，说明裂缝发育适中，具有良好的起裂效果。对应压裂段集中在龙一段 ¹1 小层、2 小层，能够将邻近高含气层的页岩充分改造形成缝网

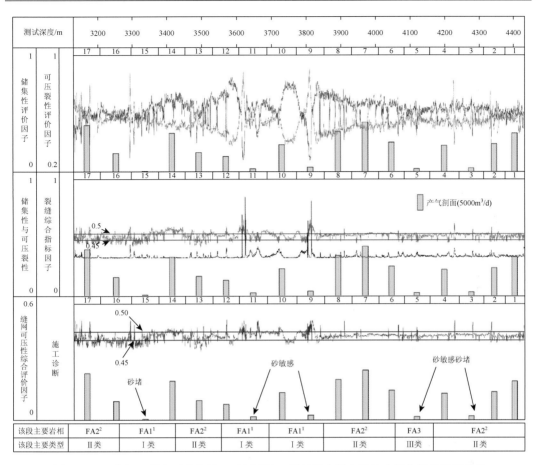

图 5-28　X 井组 C 井水平段物性、可压裂性、裂缝发育程度及综合评价测井解释成果

（图 5-29），SRV 较五峰组等 $E_c>0.50$ 的层段发育，集中在 $3.0\times10^6\text{m}^3$ 及以上。③当 $E_c<$ 0.45 时，仅具备较好的缝网形成能力，但有机质孔、矿物晶间孔等储集空间发育较差，且 E_3 多低于 0.45，天然弱面的发育规模低，缝网扩展发育受到较大限制，也难以实现对相邻气层的改造，导致 SRV（$1.5\times10^6\text{m}^3$ 及以下）和产量均偏小。

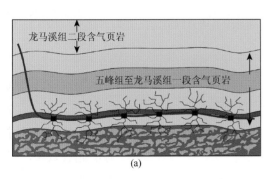

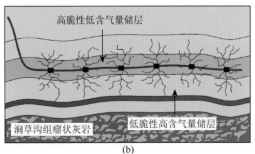

图 5-29　四川盆地焦石坝区块五峰组-龙一段页岩储层压裂改造优势层系选择

参 考 文 献

蔡儒帅，郭建春，邓燕，等，2014. 页岩储层可压性剖面模型研究及应用[J]. 大庆石油地质与开发，33（6）：165-170.

陈吉涛，2007. 鲁西晚寒武世沉积环境与层序地层研究[D]. 青岛：山东科技大学.

陈建国，邓金根，袁俊亮，等，2015. 页岩储层Ⅰ型和Ⅱ型断裂韧性评价方法研究[J]. 岩石力学与工程学报，34（6）：1101-1105.

陈勉，周健，金衍，等，2008. 随机裂缝性储层压裂特征实验研究[J]. 石油学报，29（3）：431-434.

陈铭，胥云，吴奇，等，2016. 水平井体积改造多裂缝扩展形态算法——不同布缝模式的研究[J]. 天然气工业，36（8）：79-87.

陈新军，包书景，侯读杰，等，2012. 页岩气资源评价方法与关键参数探讨[J]. 石油勘探与开发，39（5）：566-571.

陈勇，2016. 川东南焦石坝及丁山地区五峰-龙马溪组页岩气储层特征及"甜点"预测技术研究[D]. 成都：成都理工大学.

陈智梁，陈世瑜，1987. 扬子地块西缘地质构造演化[M]. 重庆：重庆出版社.

邓继新，唐郑元，李越，等，2018. 成岩过程对五峰-龙马溪组页岩地震岩石物理特征的影响[J]. 地球物理学报，61（2）：659-672.

刁海燕，2013. 泥页岩储层岩石力学特性及脆性评价[J]. 岩石学报，29（9）：344-350.

董大忠，施振生. 孙莎莎，等，2008. 黑色页岩微裂缝发育控制因素——以长宁双河剖面五峰组—龙马溪组为例[J]. 石油勘探与开发，45（5）：1-12.

董宁，霍志周，孙赞东，等，2014. 泥页岩岩石物理建模研究[J]. 地球物理学报，6：1990-1998.

董宁，许杰，孙赞东，等，2013. 泥页岩脆性地球物理预测技术[J]. 石油地球物理勘探，48（S1）：69-74.

付小东，秦建中，滕格尔，等，2011. 烃源岩矿物组成特征及油气地质意义——以中上扬子古生界海相优质烃源岩为例[J]. 石油勘探与开发，38（6）：671-684.

郭建春，尹建，赵志红，2014. 裂缝干扰下页岩储层压裂形成复杂裂缝可行性[J]. 岩石力学与工程学报，33（8）：1589-1596.

郭彤楼，2016a. 中国式页岩气关键地质问题与成藏富集主控因素[J]. 石油勘探与开发，43（3）：317-326.

郭彤楼，2016b. 涪陵页岩气田发现的启示与思考[J]. 地学前缘，23（1）：29-43.

郭彤楼，张汉荣，2014. 四川盆地焦石坝页岩气田形成与富集高产模式[J]. 石油勘探与开发，41（1）：28-36.

郭旭升，2014. 南方海相页岩气"二元富集"规律——四川盆地及周缘龙马溪组页岩气勘探实践认识[J]. 地质学报，88（7）：1209-1218.

郭旭升，2017. 上扬子地区五峰组-龙马溪组页岩层序地层及演化模式[J]. 地球科学—中国地质大学学报，42（7）：1069-1082.

郭旭升，胡东风，李宇平，等，2016. 海相和湖相页岩气富集机理分析与思考：以四川盆地龙马溪组和自流井组大安寨段为例[J]. 地学前缘，23（2）：18-28.

韩超，2016. 蜀南地区上奥陶纪—下志留纪页岩气储层特征及评价[D]. 北京：中国地质大学（北京）.

何建华，丁文龙，王哲，等，2015. 页岩储层体积压裂缝网形成的主控因素及评价方法[J]. 地质科技情报，34（4）：108-118.

何治亮，胡宗全，聂海宽，等，2017. 四川盆地五峰组-龙马溪组页岩气富集特征与"建造-改造"评价思路[J]. 天然气地球科学，28（5）：724-733.

衡帅，杨春和，郭印同，等，2015. 层理对页岩水力裂缝扩展的影响研究[J]. 岩石力学与工程学报，34（2）：228-237.

侯冰，陈勉，李志猛，等，2014. 页岩储集层水力裂缝网络扩展规模评价方法[J]. 石油勘探与开发，41（6）：21-21.

胡宗全，杜伟，彭勇民，等，2015. 页岩微观孔隙特征及源-储关系——以川东南地区五峰组-龙马溪组为例[J]. 石油与天然气地质，36（6）：1001-1008.

黄仁春，王燕，程思洁，等，2014. 利用测井资料确定页岩储层有机碳含量的方法优选：以焦石坝页岩气田为例[J]. 天然气工业，34（12）：25-32.

姜在兴，梁超，吴靖，等，2013. 含油气细粒沉积岩研究的几个问题[J]. 石油学报，34（6）：1031-1039.

蒋裕强，宋益滔，漆麟，等，2016. 中国海相页岩岩相精细划分及测井预测：以四川盆地南部威远地区龙马溪组为例[J]. 地学前缘，23（1）：107-118.

金之钧，胡宗全，高波，等，2016. 川东南地区五峰组-龙马溪组页岩气富集与高产控制因素[J]. 地学前缘，23（1）：1-10.

琚宜文，卜红玲，王国昌，2014. 页岩气储层主要特征及其对储层改造的影响[J]. 地球科学进展，29（4）：492-506.

李伯琼，2005. 多孔钛的孔隙特征和力学性能的研究[D]. 大连：大连交通大学.

李贵鹏，詹仁斌，吴荣昌，2009. 四川长宁双河晚奥陶世赫南特贝动物群及其对环境变化的响应[J]. 高校地质学报，15（3）：304-317.

李宏兵，张佳佳，姚逢昌，2013. 岩石的等效孔隙纵横比反演及其应用[J]. 地球物理学报，56（2）：608-615.

李钜源，2013. 东营凹陷泥页岩矿物组成及脆度分析[J]. 沉积学报，31（4）：616-620.

李丕龙，张善文，宋国奇，等，2004. 断陷盆地隐蔽油气藏形成机制——以渤海湾盆地济阳坳陷为例[J]. 石油实验地质，26（1）：3-10.

李庆辉，陈勉，金衍，等，2012. 页岩气储层岩石力学特性及脆性评价[J]. 石油钻探技术，40（4）：17-22.

李新景，胡素云，程克明，2007. 北美裂缝性页岩气勘探开发的启示[J]. 石油勘探与开发，34（4）：392-400.

李艳芳，邵德勇，吕海刚，等，2015. 四川盆地五峰组-龙马溪组海相页岩元素地球化学特征与有机质富集的关系[J]. 石油学报，36（12）：1470-1483.

李玉喜，何建华，尹帅，等，2016. 页岩油气储层纵向多重非均质性及其对开发的影响[J]. 地学前缘，23（2）：118-125.

李忠权，冉隆辉，陈更生，等，2002. 川东高陡构造成因地质模式与含气性分析[J]. 成都理工大学学报（自科版），29（6）：605-609.

梁超，姜在兴，杨镱婷，等，2012. 四川盆地五峰组-龙马溪组页岩岩相及储集空间特征[J]. 石油勘探与开发，39（6）：691-698.

刘洪林，郭伟，刘德勋，等，2018. 海相页岩成岩过程中的自生催化作用[J]. 天然气工业，38（5）：17-25.

刘惠民，张守鹏，王朴，等，2012. 沾化凹陷罗家地区沙三段下亚段页岩岩石学特征[J]. 油气地质与采收率，19（6）：11-15.

刘宇，2016. 五峰-龙马溪组页岩的发育环境与页岩气潜力评价研究[D]. 广州：中国科学院大学（中国科学院广州地球化学研究所）.

刘宇，彭平安，2017. 不同矿物组分对泥页岩纳米孔隙发育影响因素研究[J]. 煤炭学报，42（3）：702-711.

刘玉章，修乃岭，丁云宏，等，2015. 页岩储层水力裂缝网络多因素耦合分析[J]. 天然气工业，35（1）：61-66.

刘致水，孙赞东，2015. 新型脆性因子及其在泥页岩储集层预测中的应用[J]. 石油勘探与开发，42（1）：117-124.

刘忠宝，高波，张钰莹，等，2017. 上扬子地区下寒武统页岩沉积相类型及分布特征[J]. 石油勘探与开发，
　　44（1）：21-31.

柳波，吕延防，孟元林，等，2015. 湖相纹层状细粒岩特征、成因模式及其页岩油意义——以三塘湖盆
　　地马朗凹陷二叠系芦草沟组为例[J]. 石油勘探与开发，42（5）：598-607.

柳占立，王涛，高岳，等，2016. 页岩水力压裂的关键力学问题[J]. 固体力学学报，37（1）：34-49.

龙鹏宇，张金川，唐玄，等，2011. 泥页岩裂缝发育特征及其对页岩气勘探和开发的影响[J]. 天然气地
　　球科学，22（3）：525-532.

罗诚. 硬脆性泥页岩组构及其对力学特征影响研究[D]. 成都：西南石油大学，2013.

马存飞，董春梅，栾国强，等，2016. 泥页岩自然流体压力缝类型、特征及其作用——以中国东部古近
　　系为例[J]. 石油勘探与开发，43（4）：580-589.

马乔，2015. 川东地区页岩岩相及其控气性特征研究[D]. 成都：西南石油大学.

马新仿，李宁，尹丛彬，等，2017. 页岩水力裂缝扩展形态与声发射解释——以四川盆地志留系龙马溪
　　组页岩为例[J]. 石油勘探与开发，44（6）：974-981.

马旭，郝瑞芬，来轩昂，等，2014. 苏里格气田致密砂岩气藏水平井体积压裂矿场试验[J]. 石油勘探与
　　开发，41（6）：742-747.

穆恩之，朱兆玲，陈均远，等，1978. 四川长宁双河附近奥陶纪地层[J]. 地层学杂志，2：27-43.

欧成华，李朝纯，2017. 页岩岩相表征及页理缝三维离散网络模型[J]. 石油勘探与开发，44（2）：309-318.

潘林华，张士诚，程礼军，等，2014. 水平井"多段分簇"压裂簇间干扰的数值模拟[J]. 天然气工业，
　　34（1）：74-79.

潘仁芳，龚琴，鄢杰，等，2016. 页岩气藏"甜点"构成要素及富气特征分析——以四川盆地长宁地区龙
　　马溪组为例[J]. 天然气工业，36（3）：7-13.

潘涛，杨宝刚，高铁成，等，2016. 海相页岩有利储集条件分析——以四川盆地长宁区块龙马溪组为例[J].
　　科学技术与工程，16（20）：37-46.

彭丽，2017. 济阳拗陷古近系沙三下亚段湖相泥页岩岩相非均质性及控制因素研究[D]. 北京：中国地质
　　大学.

冉波，刘树根，孙玮，等，2016. 四川盆地及周缘下古生界五峰组-龙马溪组页岩岩相分类[J]. 地学前缘，
　　23（2）：96-107.

任岚，何易东，赵金洲，等，2017a. 基于各向异性扩散方程的页岩气井改造体积计算模型[J]. 大庆石油
　　地质与开发，36（4）：153-159.

任岚，林然，赵金洲，等，2017b. 基于最优SRV的页岩气水平井压裂簇间距优化设计[J]. 天然气工业，
　　37（4）：69-79.

尚校森，丁云宏，卢拥军，等，2017. 一种页岩体积压裂复杂裂缝的量化表征[J]. 石油与天然气地质，
　　38（1）：189-196.

沈骋，2015. 旺苍县鼓城乡唐家河剖面仙女洞组沉积环境精细研究[D]. 成都：西南石油大学.

沈骋，任岚，赵金洲，等，2017. 页岩储集层综合评价因子及其应用——以四川盆地东南缘焦石坝地区
　　奥陶系五峰组—志留系龙马溪组为例[J]. 石油勘探与开发，44（4）：649-658.

沈娟，2014. 四川盆地志留系龙马溪组页岩矿物组成对含气性的影响[D]. 兰州：兰州大学.

盛秋红，李文成，2016. 泥页岩可压性评价方法及其在焦石坝地区的应用[J]. 地球物理学进展，31（4）：
　　1473-1479.

施振生，邱振，董大忠，等，2018. 四川盆地巫溪2井龙马溪组含气页岩细粒纹层沉积特征[J]. 石油勘探
　　与开发，45（2）：339-348.

时贤，程远方，蒋恕，等，2014. 页岩储层裂缝网络延伸模型及其应用[J]. 石油学报，35（6）：1130-1137.

宋梅远，张善文，王永诗，等，2011. 沾化凹陷沙三段下亚段泥岩裂缝储层岩性分类及测井识别[J]. 油

气地质与采收率, 18（6）: 18-22.

孙可明, 张树翠, 辛利伟, 2016. 页岩气储层层理方向对水力压裂裂纹扩展的影响[J]. 天然气工业, 36（2）: 45-51.

谭茂金, 张松扬, 2010. 页岩气储层地球物理测井研究进展[J]. 地球物理学进展, 25（6）: 2024-2030.

唐颖, 邢云, 李乐忠, 等, 2012. 页岩储层可压裂性影响因素及评价方法[J]. 地学前缘, 19（5）: 356-363.

腾格尔, 申宝剑, 俞凌杰, 等, 2017. 四川盆地五峰组-龙马溪组页岩气形成与聚集机理[J]. 石油勘探与开发, 44（1）: 69-78.

王飞宇, 关晶, 冯伟平, 等, 2013. 过成熟海相页岩孔隙度演化特征和游离气量[J]. 石油勘探与开发, 40（6）: 764-768.

王冠民, 2005. 古气候变化对湖相高频旋回泥岩和页岩的沉积控制——以济阳拗陷古近系为例[D]. 广州: 中国科学院广州地球化学研究所.

王冠民, 刘海城, 熊周海, 等, 2016. 试论长英质颗粒对湖相泥页岩脆性的控制条件[J]. 中国石油大学学报（自然科学版）, 40（3）: 1-8.

王建波, 冯明刚, 严伟, 等, 2016. 焦石坝地区页岩储层可压裂性影响因素及计算方法[J]. 断块油气田, 23（2）: 216-220.

王敬, 罗海山, 刘慧卿, 等, 2016. 页岩气吸附解吸效应对基质物性影响特征[J]. 石油勘探与开发, 43（1）: 145-152.

王鹏, 纪友亮, 潘仁芳, 等, 2013. 页岩脆性的综合评价方法——以四川盆地 W 区下志留统龙马溪组为例[J]. 天然气工业, 33（12）: 48-53.

王濡岳, 龚大建, 丁文龙, 等, 2016. 上扬子地区下寒武统牛蹄塘组页岩储层脆性评价: 以贵州岑巩区块为例[J]. 地学前缘, 23（1）: 87-95.

王淑芳, 邹才能, 董大忠, 等, 2014. 四川盆地富有机质页岩硅质生物成因及对页岩气开发的意义[J]. 北京大学学报（自然科学版）, 50（3）: 476-486.

王同, 杨克明, 熊亮, 等, 2015. 川南地区五峰组-龙马溪组页岩层序地层及其对储层的控制[J]. 石油学报, 36（8）: 915-925.

王玉满, 董大忠, 黄金亮, 等, 2016a. 四川盆地及周边上奥陶统五峰组观音桥段岩相特征及对页岩气选区意义[J]. 石油勘探与开发, 43（1）: 42-50.

王玉满, 王淑芳, 董大忠, 等, 2016b. 川南下志留统龙马溪组页岩岩相表征[J]. 地学前缘, 23（1）: 119-133.

王玉满, 王宏坤, 张晨晨, 等, 2017. 四川盆地南部深层五峰组-龙马溪组裂缝孔隙评价[J]. 石油勘探与开发, 44（4）: 531-539.

王志峰, 张元福, 梁雪莉, 等, 2014. 四川盆地五峰组-龙马溪组不同水动力成因页岩岩相特征[J]. 石油学报, 35（4）: 623-632.

魏琳, 许文国, 杨仓, 等, 2017. 页岩层序划分的界面沉积标志及地球化学指示[J]. 石油与天然气地质, 38（3）: 524-533.

魏祥峰, 赵正宝, 王庆波, 等, 2017. 川东南綦江丁山地区上奥陶统五峰组-下志留统龙马溪组页岩气地质条件综合评价[J]. 地质论评, 63（1）: 153-164.

吴靖, 2015. 东营凹陷古近系沙四上亚段细粒岩沉积特征与层序地层研究[D]. 北京: 中国地质大学.

吴蓝宇, 胡东风, 陆永潮, 等, 2016. 四川盆地涪陵气田五峰组—龙马溪组页岩优势岩相[J]. 石油勘探与开发, 43（2）: 1-9.

谢军, 张浩淼, 佘朝毅, 等, 2017. 地质工程一体化在长宁国家级页岩气示范区中的实践[J]. 中国石油勘探, 22（1）: 21-28.

熊健, 刘向君, 梁利喜, 等, 2015a. 四川盆地长宁地区龙马溪组上、下段页岩储层差异研究[J]. 西北大学学报: 自然科学版, 45（4）: 623-630.

熊健，刘向君，梁利喜，等，2015b. 四川盆地长宁构造地区龙马溪组页岩孔隙结构及其分形特征[J]. 地质科技情报，34（4）：70-77.

熊晓军，李翔，刘阳，等，2017. 基于孔隙分类理论的自相容模型横波速度预测方法[J]. 石油物探，56（2）：179-184.

熊周海，操应长，王冠民，等，2018. 湖相细粒沉积岩成分对可压裂性的控制作用[J]. 中国矿业大学学报，47（3）：585-596.

徐天吉，程冰洁，胡斌，等，2016. 基于 VTI 介质弹性参数的页岩脆性预测方法及其应用[J]. 石油与天然气地质，37（6）：971-978.

许丹，胡瑞林，高玮，等，2015. 页岩纹层结构对水力裂缝扩展规律的影响[J]. 石油勘探与开发，42（4）：523-528.

杨海雨，2014. 页岩储层脆性影响因素分析[D]. 北京：中国地质大学.

姚光华，陈乔，刘洪，等，2015. 渝东南下志留统龙马溪组层理性页岩力学特性试验研究[J]. 岩石力学与工程学报，（s1）：3313-3319.

尹丛彬，李彦超，王素兵，等，2017. 页岩压裂裂缝网络预测方法及其应用[J]. 天然气工业，37（4）：60-68.

余晓宇，陈洁，张士万，等，2016. 焦石坝地区中、古生界构造特征及其页岩气地质意义[J]. 石油与天然气地质，37（6）：828-837.

袁静，2003. 沾化凹陷罗家地区沙四段顶部至沙三段泥质岩裂缝特征及其影响因素[J]. 中国石油大学学报（自然科学版），27（4）：20-23.

袁俊亮，邓金根，张定宇，等，2013. 页岩气储层可压裂性评价技术[J]. 石油学报，34（3）：523-527.

原园，姜振学，喻宸，等，2015. 柴北缘中侏罗统湖相泥页岩储层矿物组成与脆性特征[J]. 高校地质学报，21（1）：117-123.

曾庆才，陈胜，贺佩，等，2018. 四川盆地威远龙马溪组页岩气甜点区地震定量预测[J]. 石油勘探与开发，45（3）：1-9.

曾庆辉，钱玲，刘德汉，等，2006. 富有机质的黑色页岩和油页岩的有机岩石学特征与生、排烃意义[J]. 沉积学报，24（1）：113-122.

张晨晨，董大忠，王玉满，等，2017. 页岩储集层脆性研究进展[J]. 新疆石油地质，38（1）：111-118.

张晨晨，王玉满，董大忠，等，2016. 川南长宁地区五峰组—龙马溪组页岩脆性特征[J]. 天然气地球科学，27（9）：1629-1639.

张东晓，杨婷云，2013. 页岩气开发综述[J]. 石油学报，34（4）：792-801.

张靖宇，陆永潮，付孝悦，等，2017. 四川盆地涪陵地区五峰组-龙马溪组一段层序格架与沉积演化[J]. 地质科技情报，36（4）：65-72.

张军，艾池，李玉伟，等，2017. 基于岩石破坏全过程能量演化的脆性评价指数[J]. 岩石力学与工程学报，36（6）：1326-1340.

张士万，孟志勇，郭战峰，等，2014. 涪陵地区龙马溪组页岩储层特征及其发育主控因素[J]. 天然气工业，34（12）：16-24.

张水昌，张宝民，边立曾，等，2007. 8 亿多年前由红藻堆积而成的下马岭组油页岩[J]. 中国科学（D 辑），37（5）：636-643.

张顺，陈世悦，崔世凌，等，2014. 东营凹陷半深湖-深湖细粒沉积岩岩相类型及特征[J]. 中国石油大学学报（自然科学版），5：9-17.

张小龙，李艳芳，吕海刚，等，2013. 四川盆地志留系龙马溪组有机质特征与沉积环境的关系[J]. 煤炭学报，38（5）：851-856.

张正顺，胡沛青，沈娟，等，2013. 四川盆地志留系龙马溪组页岩矿物组成与有机质赋存状态[J]. 煤炭学报，38（5）：766-771.

赵海峰，陈勉，金衍，等，2012. 页岩气藏网状裂缝系统的岩石断裂动力学[J]. 石油勘探与开发，39（4）：465-470.

赵海军，马凤山，刘港，等，2016. 不同尺度岩体结构面对页岩气储层水力压裂裂缝扩展的影响[J]. 工程地质学报，24（5）：992-1007.

赵建华，金之钧，金振奎，等，2016. 四川盆地五峰组-龙马溪组页岩岩相类型与沉积环境[J]. 石油学报，37（5）：572-586.

赵金洲，陈曦宇，刘长宇，等，2015a. 水平井分段多簇压裂缝间干扰影响分析[J]. 天然气地球科学，26（3）：533-538.

赵金洲，沈骋，任岚，等，2015b. 页岩气储层可压性评价新方法[J]. 天然气地球科学，26（6）：1165-1172.

赵金洲，沈骋，任岚，等，2017. 页岩储层不同赋存状态气体含气量定量预测——以四川盆地焦石坝页岩气田为例[J]. 天然气工业，37（4）：27-33.

赵金洲，任岚，胡永全，2013. 页岩储层压裂缝成网延伸的受控因素分析[J]. 西南石油大学学报（自然科学版），35（1）：1-9.

赵金洲，任岚，沈骋，等，2018. 页岩气缝网压裂理论与技术研究新进展[J]. 天然气工业，38（3）：1-14.

赵金洲，王松，李勇明，2012. 页岩气藏压裂改造难点与技术关键[J]. 天然气工业，32（4）：46-49.

赵金洲，杨海，李勇明，等，2014. 水力裂缝逼近时天然裂缝稳定性分析[J]. 天然气地球科学，25（3）：402-408.

赵圣贤，杨跃明，张鉴，等，2016. 四川盆地下志留统龙马溪组页岩小层划分与储层精细对比[J]. 天然气地球科学，27（3）：470-487.

赵文韬，侯贵廷，张居增，等，2015. 层厚与岩性控制裂缝发育的力学机理研究——以鄂尔多斯盆地延长组为例[J]. 北京大学学报（自然科学版），51（6）：1047-1058.

赵文智，侯贵廷，张居增，等，2016. 中国南方海相页岩气成藏差异性比较与意义[J]. 石油勘探与开发，43（4）：499-510.

周健，陈勉，金衍，等，2007. 裂缝性储层水力裂缝扩展机理试验研究[J]. 石油学报，28（5）：109-113.

周彤，张士诚，邹雨时，等，2016. 页岩气储层充填天然裂缝渗透率特征实验研究[J]. 西安石油大学学报（自然科学版），31（1）：73-78.

周巍，杨红霞，2005. 岩石裂隙对岩石的弹性性质及速度-孔隙率关系的影响[J]. 石油地球物理勘探，40（3）：334-338.

朱彤，龙胜祥，王烽，等，2016. 四川盆地湖相泥页岩沉积模式及岩石相类型[J]. 天然气工业，36（8）：22-28.

庄茁，柳占立，王涛，等，2016. 页岩水力压裂的关键力学问题[J]. 科学通报，61（1）：72-81.

邹才能，董大忠，王玉满，等，2015. 中国页岩气特征、挑战及前景（一）[J]. 石油勘探与开发，42（6）：689-701.

邹才能，董大忠，王玉满，等，2016. 中国页岩气特征、挑战及前景（二）[J]. 石油勘探与开发，43（2）：166-178.

邹才能，杨智，何东博，等，2018. 常规-非常规天然气理论、技术及前景[J]. 石油勘探与开发，45（4）：1-13.

邹玉涛，董大忠，王玉满，等，2015. 川东高陡断褶带构造特征及其演化[J]. 地质学报，89（11）：2046-2052.

Abouelresh M，Slatt R，2012. Lithofacies and sequence stratigraphy of the Barnett Shale in east-central Fort Worth Basin，Texas[J]. AAPG Bulletin，96（1）：34-43.

Algeo T J，Schwark L，Hower J C，2004. High-resolution geochemistry and sequence stratigraphy of the Hushpuckney Shale（Swope Formation，eastern Kansas）：implications for climato-environmental dynamics of the Late Pennsylvanian Midcontinent Seaway[J]. Chemical Geology, 206 (3): 259-288.

Altindag R, 2003. Correlation of specific energy with rock brittleness concepts on rock cutting[J]. Journal South African Institute of Mining and Metallurgy, 103 (3): 163-171.

Aplin A, Macquaker J, 2011. Mudstone diversity: origin and implications for source, seal and reservoir properties in petroleum systems[J]. AAPG Bulletin, 95 (12): 2031-2059.

Bahorich B, Olson J E, Holder J, 2012. Examining the effect of cemented natural fractures on hydraulic fracture propagation in hydrostone block experiments[C]. SPE 160197.

Berryman J G, 1980. Long-wavelength propagation in composite elastic media I. spherical inclusions[J]. Journal of the Acoustical Society of America, 68 (6): 1809-1819.

Bowker K A, 2007. Barnett shale gas production, Fort Worth Basin: issues and discussion[J]. Aapg Bulletin, 91 (4): 523-533.

Brian P, Donald J P, 2003. Swift, Kenneth Willam, Squaternary Facies Assemblages and their bounding surfaces, chesapeake bay mouth: an approach to mesoscale stratigraphic analysis[J]. Journal of Sedmientary Research, 73 (5): 672-690.

Cander H, 2012. Sweet spots in shale gas and liquids plays: prediction of fluid composition and reservoir pressure[J]. Search & Discovery Article.

Carlson E S, 1994. Characterization of Devonian Shale gas reservoirs using coordinated single well analytical models[J]. SPE 29199-MS.

Cash R, Zhu D, Hill A, 2016. Acid fracturing carbonate-rich shale: a feasibility investigation of Eagle Ford Formation[C]. SPE 181805-MS.

Chen L, Lu Y, Jiang S, et al., 2015. Heterogeneity of the Lower Silurian Longmaxi marine shale in the southeast Sichuan Basin of China[J]. Marine and Petroleum Geology, 65: 232-246.

Cipolla C, Weng X, Mack M, et al., 2011. Itegrating microseismic mapping and complex fracture modeling to characterize hydraulic fracture complexity [J]. SPE 140185.

Cook A, Sherwood N, 1991. Classification of oil shales, coals and other organic-rich rocks[J]. Organic Geochemistry, 17 (2): 211-222.

Curtis J B, 2002. Fractured shale-gas systems[J]. Aapg Bulletin, 86 (11): 1921-1938.

Dimberline A, Bell A, Woodcock N, 1990. A laminated hemipelagic fades from the Wenlock and Ludlow of the Welsh Basin[J]. Journal of the Geological Society, 147 (4): 693-701.

Esteban L, Sarout J, Josh M, et al., 2013. Multi-physics laboratory characterization of preserved clay-to carbonate-rich shales[C]. SEG Houston 2013 Annual Meeting.

Fisher M, Wright C, Davidson B, et al., 2005. Integrating fracture mapping technologies to improve stimulations in the Barnett Shale[C]. SPE 102801.

Fu W, Ames B C, Bunge A P, et al., 2015. An experimental study on interaction between hydraulic fractures and partially-cemented natural fractures[C]. ARMA15-132.

Gale J, Holder J, 2010. Natural Fractures in Some US Shales and Their Importance for Gas Production[M]. Petroleum Geology: From Mature Basins to New Frontiers—Proceedings of the 7th Petroleum Geology Conference: 2288-2306.

Gassmann F, 1961. Uber die elastizitat poroser medien [J]. Vier. der Natur. gesellschaft in Zurich, 96: 1-23.

Geilikman M, Wong S, Karanikas J, 2015. Growth of fractured zone around hydraulic fracture[C]. SPE 175921-MS.

Gu H, Weng X, Lund J, et al., 2012. Hydraulic fracture crossing natural fracture at nonorthogonal angles: a criterion and its validation[J]. SPE139984: 3-6.

Guo Z，Li X，Chapman M，2012. A shale rock physics model and its application in the prediction of brittleness index，mineralogy and porosity of the Barnett Shale[J]. Society of Explorativn Geophysicists，11（4）.

Hajiabdolmajid V，Kaiser P，2003. Brittleness of rock and stability assessment in hard rock tunneling[J]. Tunnelling & Underground Space Technology Incorporating Trenchless Technology Research，18（1）: 35-48.

Hamme R，Webley P，Crawford W，et al.，2010. Volcanic ash fuels anomalous plankton bloom in subarctic northeast Pacific. [J]. Geophysical Research Letters，37（19）: L19604.

Hammes U，Frébourg G，2012. Haynesville and Bossier mudrocks: a facies and sequence stratigraphic investigation，East Texas and Louisiana，USA[J]. Marine & Petroleum Geology，31（1）: 8-26.

Harris N，Miskimins J，Mnich C，2011. Mechanical anisotropy in the Woodford Shale，Permian Basin: origin，magnitude and scale[J]. Leading Edge，30（3）: 284-291.

Hickey J，Bo H，2007. Lithofacies summary of the Mississippian Barnett Shale，Mitchell 2 T. P. Sims well，Wise County，Texas[J]. AAPG Bulletin，91（4）: 437-443.

Hirose Norimitsu，Asami Junichi，Fujiki Akira，等，2009. 粉末冶金结构零件材料的泊松比[J]. 粉末冶金技术，27（3）: 226-232.

Irwin G R，1957. Analysis of stresses and strains near end of a crack traversing a plate[J]. J. appl. mech，24: 361-364.

Isida M，Nemat-Nasser S，1987. A unified analysis of various problems relating to circular holes with edge cracks[J]. Engineering Fracture Mechanics，27（5）: 571-591.

Jarvie D，2012. Shale resource systems for oil and gas: part 1-shale-gas resource systems[J]. AAPG Memoir，97: 69-87.

Jarvie D，Hill R，Ruble T，et al.，2007. Unconventional shale-gas systems: the Mississippian Barnett Shale of north-central Texas as one model for thermogenic shale-gas assessment[J]. AAPG Bulletin，91（4）: 475-499.

Jiang S，Tang X L，Cai D S，et al.，2017. Comparison of marine，transitional and lacustrine shales: a case study from the Sichuan Basin in China[J]. Journal of Petroleum Science and Engineering，150: 334-347.

Jiang Z，Guo L，Liang C，2013. Lithofacies and sedimentary characteristics of the Silurian Longmaxi Shale in the southeastern Sichuan Basin，China[J]. Journal of Palaeogeography，2（3）: 238-251.

Jin X，Shah S，Roegiers J，et al.，2014. Fracability evaluation in shale reservoirs-an integrated petrophysics and geomechanics approach[J]. SPE 168589-MS.

Kuster G T，1974. Velocity and attenuation of seismic waves in two-phase media: Part I. Theoretical formulations[J]. Geophysics，39（5）: 587-606.

Lash G，Engelder T，2011. Thickness trends and sequence stratigraphy of the middle Devonian Marcellus Formation，Appalachian Basin: implications for Acadian foreland basin evolution[J]. AAPG Bulletin，95（1）: 61-103.

Lin R，Ren L，Zhao J，et al.，2017. Cluster spacing optimization of multi-stage fracturing in horizontal shale gas wells based on stimulated reservoir volume evaluation[J]. Arabian Journal of Geosciences，10（2）: 38.

Loucks R，Ruppel S，2007. Mississippian barnett shale: lithofacies and depositional setting of a deep-water shale-gas succession in the Fort Worth Basin，Texas[J]. Aapg Bulletin，91（4）: 579-601.

Ma X，Zoback M，2017. Lithology variations and cross-cutting faults affect hydraulic fracturing of Woodford Shale: A case study[C]. SPE 184850-MS.

Macquaker J，Taylor K，Gawthorpe R，2012 . High-resolution facies analyses of mudstones: implications for paleoenvironmental and sequence stratigraphic interpretations of offshore ancient mud-dominated successions[J]. Journal of Sedimentary Research，77（4）：324-339.

Matthews H，Schein G，Malone M，2007. Stimulation of gas shales：they're all the same？ right？ [C]. SPE 106070.

McMullen E，2013. The effect of bedding laminations of crack propagation in the Marcellus Shale[D]. College Park：University of Maryland：1-35.

Milliken K，Rudnicki M，Awwiller D，et al.，2013. Organic matter-hosted pore system，Marcellus Formation （Devonian），Pennsylvania[J]. AAPG Bulletin，97（2）：177-200.

Nelson R，2001. Geologic Analysis of Naturally Fractured Reservoirs（Second Edition）[M]. Houston，USA：Gulf Professional Publishing.

Norris A N，1985. A differential scheme for the effective moduli of composites[J]. Mechanics of Materials，4（1）：1-16.

Olson J E，Bahorich B，Holder J，2012. Examining hydraulic fracture natural fracture interaction in hydrostone block experiments[J]. SPE152618：3-8.

Pan S，Zou C，Yang Z，et al.，2015. Methods for shale gas play assessment：a comparison between Silurian Longmaxi Shale and Mississippian Barnett Shale[J]. Journal of Earth Science，26（2）：285-294.

Parker M，Dan B，Petre J，et al.，2009. Haynesville shale-petrophysical evaluation[C]. SPE 122937.

Potter P E，Maynard J B，Depetris P J，2005. Mud and Mudstones[M]. Berlin：Springer Berlin Heidelberg.

Quinn J，Quinn G，1997. Indentation brittleness of ceramics：a fresh approach[J]. Journal of Materials Science，32（16）：4331-4346

Raji M，Gröcke D，Greenwell H，et al.，2015. The effect of interbedding on shale reservoir properties[J]. Marine and Petroleum Geology，67：154-169.

Reuss A，1929. Stresses constant in composite，rule of mixtures for compliance components[J]. Journal of Applied Mathematics and Mechanics，9（1）：49-58.

Rickman R，Mullen M，Petre J，et al.，2008. A practical use of shale petrophysics for stimulation design optimization：all shale plays are not clones of the Barnett Shale[C]. SPE 115258MS.

Schieber J，1999. Distribution and deposition of mudstone facies in the Upper Devonian Sonyea Group of New York[J]. Journal of Sedimentary Research，69（4）：909-925.

Shapiro S，Dinske C，2009. Fluid-induced seismicity：pressure diffusion and hydraulic fracturing[J]. Geophysical Prospecting，57（2）：301-310.

Slatt R，2015. Sequence Stratigraphy of Unconventional Resource Shales[M]. Fundamentals of Gas Shale Reservoirs. John Wiley and Sons，Inc：71-88.

Slatt R，Rodriguez N，2012. Comparative sequence stratigraphy and organic geochemistry of gas shales：commonality or coincidence？ [J]. Journal of Natural Gas Science and Engineering，8（8）：68-84.

Trabucho-Alexandre J，Dirkx R，Veld H，et al.，2012. Toarcian black shales in the dutch central graben：record of energetic，variable depositional conditions during an oceanic anoxic event[J]. Journal of Sedimentary Research，82（3-4）：104-120.

Voigt W，1928. Crystal Physics[M]. Leipzig：Teubner：1-20.

Walsh J B，1965. The effect of cracks on the compressibility of rock[J]. J. geophys. res，70（2）：381-389.

Wang F，Gale J，2009. Screening criteria for shale-gas systems[J]. Gulf Coast Association of Geological Societies Transactions，59：779-793.

Wang G，Carr T，2013. Organic-rich Marcellus Shale lithofacies modeling and distribution pattern analysis in the Appalachian Basin[J]. AAPG Bulletin，97（12）：2173-2205.

Wang S，Zhao J Z，Li Y M，et al.，2014. Hydraulic fracturing simulation of complex fractures growth in naturally fractured shale gas reservoir[J]. Arabian Journal for Science & Engineering, 39（10）: 7411-7419.

Wedepohl K H, 1971. Environmental influences on the chemical composition of shales and clays[J]. Physics & Chemistry of the Earth, 8（71）: 305-333.

Wen C, Yamada Y, Shimojima K, et al., 2002. Processing and mechanical properties of autogenous titanium implant materials[J]. Journal of Materials Science Materials in Medicine, 13（4）: 397-401.

Wu Y, Fan T L, Jiang S, et al., 2017. Facies and sedimentary sequence of the lower Cambrian Niutitang shale in the upper Yangze platform, South China[J]. Journal of Natural Gas Science and Engineering, 43: 124-136.

Xiao D, Tan X, Xi A, et al., 2016. An inland facies-controlled eogenetic karst of the carbonate reservoir in the Middle Permian Maokou Formation, southern Sichuan Basin, SW China[J]. Marine & Petroleum Geology, 72: 218-233.

Yagiz S, 2009. Assessment of brittleness using rock strength and density with punch penetration test[J]. Tunnelling & Underground Space Technology, 24（1）: 66-74.

Yamamoto K, Sugisaki R, Adachi M, 1987. Geochemical characteristics and depositional environment of bedded cherts associated with ophiolite from the Franciscan Terrane[J] Sedimentary Geology, 52: 65-108. .

Yu G, Aguilera R, 2012. 3D analytical modeling of hydraulic fracturing stimulated reservoir volume[C]. SPE 153486-MS.

Zeng L, Lyu W, Li J, et al., 2016. Natural fractures and their influence on shale gas enrichment in Sichuan Basin, China[J]. Journal of Natural Gas Science & Engineering, 30: 1-9.

Zhang J Z, Li X Q, Wei Q, et al., 2017. Quantitative characterization of pore-fracture system of organic-rich marine-continental shale reservoirs: a case study of the Upper Permian Longtan Formation, Southern Sichuan Basin, China[J]. Fuel, 200: 272-281.

Zou Y, Zhang S, Ma X, et al., 2016. Numerical investigation of hydraulic fracture network propagation in naturally fractured shale formations[J]. Journal of Structural Geology, 84: 1-13.